Peter Kaiser · Active Assisted Living

de-FACHWISSEN

Die Fachbuchreihe
für Elektro- und Gebäudetechniker
in Handwerk und Industrie

Peter Kaiser
unter Mitwirkung von Christoph Reiß, Dr. Thilo Weichert,
Michael Schidlack und Adrian Schneider

Active Assisted Living

Hüthig · München/Heidelberg

Produktbezeichnungen sowie Firmennamen und Firmenlogos werden in diesem Buch ohne Gewährleistung der freien Verwendbarkeit benutzt.
Von den im Buch zitierten Vorschriften, Richtlinien und Gesetzen haben stets nur die jeweils letzten oder die zum Zeitpunkt der Errichtung gültigen Ausgaben verbindliche Gültigkeit.

Autoren und Verlag haben alle Texte und Abbildungen mit großer Sorgfalt erarbeitet bzw. überprüft. Dennoch können Fehler nicht ausgeschlossen werden. Deshalb übernehmen weder Autor noch Verlag irgendwelche Garantien für die in diesem Buch gegebenen Informationen. In keinem Fall haften Autor oder Verlag für irgendwelche direkten oder indirekten Schäden, die aus der Anwendung dieser Informationen folgen.

Maßgebend für das Anwenden der Normen sind deren Fassungen mit den neuesten Ausgabedaten, die bei der VDE-Verlag GmbH, Bismarckstraße 33, 10625 Berlin und der Beuth Verlag GmbH, Burggrafenstraße 6, 10787 Berlin erhältlich sind.

Bibliografische Information der Deutschen Bibliothek
Die Deutsche Bibliothek verzeichnet diese Publikation in der Deutschen Nationalbibliografie; detaillierte bibliografische Daten sind im Internet über https://portal.dnb.de/ abrufbar.

Möchten Sie Ihre Meinung zu diesem Buch abgeben?
Dann schicken Sie eine E-Mail an das Lektorat
im Hüthig Verlag:
buchservice@huethig.de
Autoren und Verlag freuen sich über Ihre Rückmeldung.

ISBN 978-3-8101-0541-7

Printed in Germany
Titelbild, Layout, Satz, Zeichnungen: schwesinger, galeo:design
Titelfotos: Hintergrund: © shutterstock 1248263791, LuckyStep
links: © shutterstock 673329898, zhu difeng
rechts: © shutterstock 403667530, Minerva Studio
Druck: Westermann Druck Zwickau GmbH

Vorwort

Zweifelsohne hegt die Mehrheit der Menschen den Wunsch, ein möglichst aktives Leben führen zu können. Mit Blick auf die Ergebnisse vielfältiger empirischer Untersuchungen verfolgen insbesondere Personen, die mit körperlichen Einschränkungen und Beeinträchtigungen im täglichen Leben umgehen müssen, das Ziel, dem so lange wie möglich weitestgehend selbstständig nachgehen zu können. An dieser Stelle gründen Hoffnungen auch auf technischen Entwicklungen und Fortschritten.

Hierzu zählen vornehmlich technische Assistenzen, die sowohl Aspekte der traditionellen Pflegearbeit als auch darüberhinausgehende, in vielerlei Weise unterstützende Tätigkeiten übernehmen können. Die Technik setzt dabei direkt beim Sorgebedürftigen an, um etwa körperliche Funktionseinschränkungen auszugleichen. Die Digitalisierung führt zur Verbindung verschiedener Systeme untereinander und zur Verknüpfung der unmittelbaren Unterstützung anhand analoger Hilfsmittel mit Datenräumen. Schlagwörter einer Pflege 4.0 können dies wohl nur im Ansatz beschreiben.

Gleichzeitig setzen die in diesem Werk behandelten technischen Systeme auch bei den Sorgenden oder Pflegenden an. Überdies lassen sich Räume und pflegerische Settings als „ambiente Gestaltungen“ interpretieren.

Das vorliegende Buch von *Peter Kaiser* und Mitwirkenden erhebt nicht den Anspruch, das Themenfeld aus einer rein wissenschaftlichen Perspektive aufzugreifen oder gar neu zu sortieren, hierzu bestehen vielfältige Diskurse. Es soll vielmehr aus dem Blickwinkel der Anwendungspraxis für die Anwendungspraxis (technischen) Umsetzungsgestaltern von Active Assisted Living (AAL), sei es auf der Produktentwicklungsebene, insbesondere aber auch im Handwerk, einen Orientierungsbeitrag liefern, um auf kluge Art und Weise Selbstständigkeit zu fördern.

„Active Assisted Living“ ist aus der Perspektive von Technikgestaltern geschrieben, jedoch in dem Bewusstsein, dass Technik speziell im Sozialraum einen unterstützenden, am Ende gar dienenden Charakter einnehmen muss. Damit ist der Hinweis verbunden, AAL als mehr zu betrachten als die bloße Integration von (digitaler) Technik in Wohn- und Lebensräume. Es geht um Produkt-Dienstleistungs-Lösungen, die dazu in der Lage sind, eine „soziale Teilhabe“ zu ermöglichen und zu gestalten.

An dieser Stelle kann das Buch sowohl entsprechende Informations- und Aufklärungsarbeit als auch einen Beitrag zur zielführenden Integration von Technik in Sorge-, Gesundheits- und Pflegekontexte leisten.

So wünsche ich allen Leserinnen und Lesern eine sehr anregende und inspirierende Lektüre und Active Assisted Living viel Erfolg.

Eichstätt, 21.03.2023

Prof. Dr. Jürgen Zerth,
Katholische Universität Eichstätt-Ingolstadt

Mitwirkende

Christoph Reiß, Dipl. Wirtsch. Ing. der TU Darmstadt, verfügt über eine vierzigjährige Berufserfahrung in der Entwicklung (Patente), im Produktmanagement und im Vertrieb von IT-/Telekommunikations-, Hard-, Software-Dienstleistungen bei HP, Telekom, Vodafone, Vitaphone (Telemedizin) und zwei eigenen ehemaligen Start-ups (AAL), stets mit dem Schwerpunkt „Digitalisierung im Gesundheitsmarkt". Er ist aktiv tätig beim DKE in der Normung von Telemedizin und jetzt AAL und engagiert sich weiterhin im kommunalpolitischen Umfeld für die umweltgerechte Entwicklung und Ansiedlung von Rechenzentren. *Reiß* ist verheiratet und hat zwei erwachsene Söhne.

E-Mail: c.reiss@christophorus-consult.de

Dr. Thilo Weichert, geboren 1955, Jurist und Politologe, war von 1984 bis 1986 Mitglied des Landtags Baden-Württemberg. Beruflich war *Weichert* als Rechtsanwalt in Freiburg, parlamentarischer Berater in Stuttgart und Dresden, Publizist sowie als Hochschuldozent in Freiburg und Hannover tätig. 1991/1992 war er zudem juristischer Berater der Bürgerkomitees zur Auflösung der Staatssicherheit. 1992 bis 1998 arbeitete er als Referent beim Landesbeauftragten für den Datenschutz Niedersachsen. 1998 wurde *Weichert* stellvertretender Landesbeauftragter für den Datenschutz Schleswig-Holstein. Vom 1. September 2004 bis 16. Juli 2015 war er der Datenschutzbeauftragte des Landes Schleswig-Holstein und Leiter des Unabhängigen Landeszentrums für Datenschutz Schleswig-Holstein (ULD). Heute arbeitet *Weichert* u.a. für das Netzwerk Datenschutzexpertise und ist im Vorstand der Deutschen Vereinigung für Datenschutz, deren Vorsitzender er von 1989 bis 2004 war.

Dr. Thilo Weichert
Netzwerk Datenschutzexpertise
Waisenhofstraße 41
24103 Kiel
Telefon: +49 (0)431 971 9742
E-Mail: weichert@netzwerk-datenschutzexpertise.de

Michael Schidlack ist Principal Researcher bei der Forschungsvereinigung Elektrotechnik im ZVEI und leitet das Forschungsprojekt „ForeSight". Er ist ein leidenschaftlicher Netzwerker und bringt auf internationaler Ebene Menschen zusammen, die eine optimistische Sicht auf die Zukunft und zielführende Ideen für schöpferische und impulsstarke digitale Innovationen haben. In seiner beruflichen Vergangenheit hat er als Mitglied der Geschäftsführung eines Schweizer Unternehmens, in der Leitung der Geschäftsstelle der Wirtschaftsinitiative Smart Living des BMWK, als Consultant und für verschiedene Verbände gearbeitet. Zusätzlich konnte *Michael Schidlack* weitergehende Erfahrungen im Rahmen von Start-up-Gründungen und eigenen Unternehmen sammeln. In seiner Freizeit doziert er an der Hochschule Anhalt zum Thema Smart Building.

LinkedIn: www.linkedin.com/in/michaelschidlack

Adrian Schneider, Key Account Manager, Buildtelligent GmbH

Buildtelligent GmbH ist ein österreichisches Start-up mit Sitz in Wien und Freiburg im Breisgau, welches das Pflegewesen mit innovativen und digitalen Technologien revolutioniert. Das ganze Team vereint der Antrieb, das Arbeiten und Altern in Pflegeheimen und betreutem Wohnen würdevoll, stressfrei und sicher zu machen. Aus dieser Motivation heraus wurde *Rafi-Care* entwickelt, ein digitales und intelligentes Pflegeassistenzsystem.

Inhaltsverzeichnis

1 **Einführung in das Thema Active Assisted Living (AAL)** **13**

1.1 Warum dieses Buch? 13
1.2 Begriffsbestimmung 18
1.3 Barrierefreiheit 21

2 **AAL-Normenlandschaft** **27**

2.1 Einführung 27
2.2 Grundlagen der Normung 28
2.2.1 Normung 28
2.2.2 Standardisierung 30
2.2.3 AAL-Normengremien 31
2.2.4 Zertifizierung 35

3 **Akteure und Zielgruppen** **39**

3.1 Anwender 40
3.1.1 Immobilien- und Wohnungswirtschaft 42
3.1.2 Pflege-/Betreuungseinrichtungen und Fachkräfte 51
3.1.3 Industrie 52
3.1.4 Handwerk 53
3.2 Forschung und Förderung 53
3.2.1 Förderprogramm Ageing Well in the Digital World 53
3.2.2 Forschungsprojekt INKA 55
3.2.3 Forschungsprojekt ForeSight 60
3.3 Bundesregierung, Sozial- und Gesundheitssystem 66
3.4 Finanzierung 68
3.4.1 Allgemeines 68
3.4.2 Digitale-Gesundheitsanwendungen-Verordnung (DiGAV) 68
3.5 Datenschutz und Datensicherheit 72

4 **Use Cases im Active Assisted Living** **79**

4.1 Use Cases und User Stories 79
4.1.1 Use Case Pflege 84
4.1.2 Use Case Wohnen und Mobilität 85

4.1.3 Use Case Soziale Teilhabe ... 87
4.1.4 Use Case Intelligente Wohnung für ältere Menschen 88
4.1.5 Use Case Personal Trainer ... 89
4.1.6 Use Case Verhaltensüberwachung ... 90
4.1.7 Use Case Einkaufs- und Ernährungsplaner ... 90
4.1.8 Use Case Intelligentes Beleuchtungssystem ... 91
4.1.9 Use Case Querschnittslähmung ... 91
4.1.10 Use Case Wohnkomfort ... 92
4.2 Pflegeassistenzsystem – ein Beispiel aus der Praxis ... 92

5 Technologien und Systemkomponenten ... 99
5.1 Überblick ... 99
5.2 Grundlagen AAL-gerechter Elektroinstallation ... 101
5.2.1 Die Verwendung und Verlegung von Elektroinstallationsrohren ... 101
5.2.2 Die Platzierung von Schaltern, Anschluss- und Steckdosen ... 102
5.2.3 Ausstattungsplanung ... 102
5.2.4 Einbau einer Gebäudeautomation ... 103
5.2.5 Stromkreise und Stromkreisverteiler ... 103
5.3 Software ... 103
5.4 Bussysteme ... 106
5.5 Feldbussysteme ... 109
5.6 Verkabelungssysteme ... 112
5.6.1 Busleitungen ... 113
5.6.2 Powerline ... 114
5.7 Funksysteme ... 115
5.8 WLAN ... 116
5.8.1 Antennen und Reichweite ... 117
5.8.2 Sicherheit ... 118
5.8.3 Fernsteuerbare Systeme ... 118
5.9 Busteilnehmer ... 120
5.9.1 Sensoren ... 120
5.9.2 Aktoren ... 123
5.9.3 Systemgeräte ... 124
5.9.4 Gateways ... 124
5.10 Eingabesysteme ... 124
5.11 Internet of Things (IoT) ... 125

5.11.1 Building Information Modeling (BIM) und Industry Foundation Classes (IFC) ... 128
5.11.2 Smart Devices ... 129
5.12 Alarmsysteme ... 130
5.12.1 Alarmsysteme zur Sicherung von Objekten ... 130
5.12.2 Geräte mit Alarmauslösung durch den Nutzer ... 131
5.12.3 Geräte mit eigenständiger Alarmauslösung ... 132
5.12.4 Lokalisation von Personen ... 133
5.13 Umfeldintelligenz ... 133
5.14 Roboter ... 135
5.15 Wearables ... 139
5.16 Bauliche Sensoren ... 141

6 Unterstützung in Bad und Haushalt ... 143
6.1 Exkurs: Human Centric Lighting ... 144
6.2 Besondere Anforderungen an die elektrische Sicherheit ... 146

7 Chancen, Herausforderungen und Ausblick ... 149
7.1 Chancen, die AAL bietet ... 149
7.1.1 Geschäftsfelder für eine breite Zielgruppe ... 150
7.1.2 Neue Berufsfelder ... 151
7.1.3 Spezifische Ausrichtung auf Kundenbedürfnisse ... 153
7.2 Herausforderungen ... 154
7.3 Fazit und Ausblick ... 162

Danksagung ... 165

Quellenverzeichnis ... 166

Stichwortverzeichnis ... 171

1 Einführung in das Thema Active Assisted Living (AAL)

1.1 Warum dieses Buch?

Die Spülmaschine ausräumen, einen Besucher zur Tür hereinlassen, das Licht anschalten, einkaufen gehen: Ein junger, gesunder und unabhängiger Mensch meistert seinen Alltag in der Regel problemlos. Die vielen kleinen und großen Aufgaben, beispielsweise im Haushalt, werden nahezu automatisch und nebenbei erledigt. Ja, sie erscheinen für die meisten von uns fast schon trivial. Doch Fakt ist, dass diese Aufgaben einigen Mitgliedern unserer Gesellschaft alles andere als leicht von der Hand gehen. Im Gegenteil: Sie stellen mitunter enorme Herausforderungen dar, die das tägliche Leben und die Teilnahme an diesem erschweren, einschränken oder nahezu unmöglich machen.

Insbesondere Senioren und Menschen mit körperlichen Beeinträchtigungen sehen sich in einer schnelllebigen Welt, die stetig digitaler wird, mit immer neuen Problemen konfrontiert. Sie sind auf Unterstützung angewiesen – was in den meisten Fällen den Umzug in ein Pflege- oder Seniorenheim und damit den Verlust des eigenen Zuhauses, der Freiheit, Selbstbestimmung und Eigenständigkeit bedeutet. Der Einsatz von Pflegepersonal, das die Betroffenen in den eigenen vier Wänden betreut, kann eine Alternative darstellen. Bedingt durch den demografischen Wandel und den Mangel an Fachkräften wird diese allerdings erschwert.

Senioren und Menschen mit körperlichen Einschränkungen so lange wie möglich ein weitestgehend eigenständiges Leben in ihrem Zuhause zu ermöglichen, mag sodann die allgemein bevorzugte Option darstellen. Hier kommen Active-Assisted-Living-Technologien ins Spiel. Die Entwicklung entsprechender Unterstützungskonzepte im Bereich der Pflege und des alltäglichen Lebens weisen den Weg in eine Zukunft, die schon heute Realität ist.

In den Bereich Active Assited Living (AAL) fallen nicht nur smarte Produkte oder Gegenstände, sondern auch Dienstleistungen, elektronische Systeme, Methoden und Konzepte. Ihr Ziel ist es, älteren bzw. pflegebedürftigen Personen oder Menschen mit Behinderungen und körperlichen Beeinträchtigungen das Leben zu erleichtern, sie zu unterstützen und ihnen ein Stück weit Eigenständigkeit und Selbstbestimmtheit zurückzugeben. Auch mehr Komfort und Freiheit in den eigenen vier Wänden, unabhängig von Alter oder körperlicher Verfassung, zählen hierzu.

Dabei integrieren sich die smarten Geräte oder Technologien bestenfalls nahtlos in den Alltag und in das Umfeld der zu unterstützenden Personen, um ihnen so lange wie möglich ihre Unabhängigkeit zu erhalten. AAL ist damit eine echte Alternative zum Einzug einer Pflegekraft oder dem Auszug aus der gewohnten Umgebung in eine entsprechende Einrichtung.

Doch auch in den Senioren- und Pflegeheimen sowie Krankenhäusern kann AAL zum Einsatz kommen und für eine spürbare Entlastung des Personals und gleichzeitig für mehr Annehmlichkeit und Sicherheit aufseiten der Bewohner sorgen. Fehlt es an Fachpersonal, können AAL-Technologien beispielsweise die Überwachung von Vitalfunktionen übernehmen oder Alarm schlagen, wenn eine Person stürzt. Wie das konkret aussehen kann, wird in Kapitel 4 dieses Buches beschrieben.

AAL entwickelt sich rasant, vor allem in Richtung intelligenter Systeme und Sensorik. Eine zentrale Funktion nimmt hier die Situationserkennung ein: Die Informationen, die von der Sensorik gesendet werden, werden abgeleitet und in individuelle Assistenzsysteme übersetzt. Auch die Architekturen und Plattformen werden flexibler, zum Beispiel durch systemübergreifende Schnittstellen. Der Nutzen löst sich von der reinen Hardware – es entwickelt sich ein Komfortsystem, das mitwächst und sich an die Bedürfnisse der Bewohner anpasst.

AAL ist demnach überall dort, wo Unterstützung im Alltag notwendig oder der Wunsch nach Komfort größer wird und durch technische Hilfsmittel und assistive Umgebungen bereitgestellt werden kann. Unsere Welt und das Zusammenleben der Menschen untereinander verändern sich rasant. Der steigende Wunsch nach Komfort und die fortschreitende Digitalisierung erfordern immer neue Systeme und Entwicklungen, die das Leben für Menschen einfacher, sicherer und selbstbestimmter machen. Technische Assistenzsysteme, wie sie in diesem Buch eingehend vorgestellt werden, nehmen dabei eine zentrale Rolle ein. Maßgeblicher Faktor dafür ist auch die demografische Entwicklung, genauer gesagt ein immer stärker wachsender Anteil der alternden Bevölkerung. Die demografische Lage in Deutschland zeigt eine eindeutige Entwicklungsrichtung: Die Lebenserwartung steigt, die Bevölkerung wird immer älter und der Anteil der Bevölkerung über 50 Jahre wird in den nächsten Jahrzehnten weiter ansteigen.

„Die Alterung der Bevölkerung zeigt sich in zwei Entwicklungen: an der zunehmenden Zahl an Menschen im Rentenalter und an ihrem steigenden Anteil an der Gesamtbevölkerung. Der Alterungsprozess begann in Deutschland, lange Zeit unbemerkt, bereits gegen Ende des 19. Jahrhunderts mit dem ersten Geburtenrückgang. Seit den 1970er Jahren verstärkt die rückläufige Sterblichkeit im höheren Alter die Dynamik. Die Verschiebungen zwischen den Anteilen der Hauptaltersgruppen der Bevölkerung sind gravierend. So ist beispielsweise der Anteil der unter 20-Jährigen zwischen 1950 und 2021 von 30 auf 19 Prozent zurückgegangen. Das Altern der Bevölkerung bedeutet auch, dass Hochaltrigkeit zum Massenphänomen wird. 1950 war jeder hundertste Einwohner 80 Jahre und älter. Heute ist bereits jeder Vierzehnte hochaltrig und ab etwa 2040 könnte es mehr als jeder Zehnte sein.“ [1]

Die **Bilder 1.1** und **1.2** zeigen jeweils eine koordinierte Bevölkerungsvorausberechnung, die das Statistische Bundesamt erstellt hat. In Bild 1.1 wird die vorausberechnete Altersstruktur der Bevölkerung, in Bild 1.2 der vorausberechnete Anteil älterer Menschen an der Bevölkerung aufgezeigt.

Die Hochaltrigkeit der Bevölkerung ist längst kein Geheimnis mehr. Im Zuge dieser Entwicklung steigt selbstverständlich auch der Bedarf an technischen Assistenzsystemen, die im alltäglichen Leben, angepasst an die jeweilige Situation des Nutzers, unaufdringlich unterstützen. Hierfür müssen technische und soziale Systeme ineinandergreifen, was einen erhöhten Einsatz von Informations- und Kommunikationstechnik erfordert.

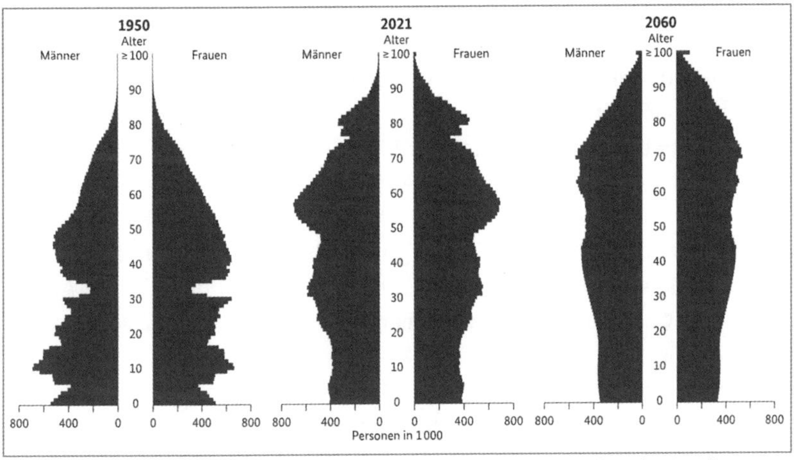

Bild 1.1 Koordinierte Bevölkerungsvorausberechnung der Altersstruktur der Bevölkerung von 1950 bis 2060 in Deutschland

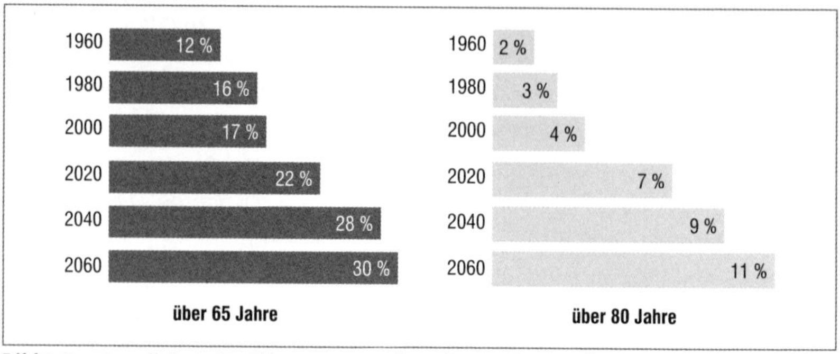

Bild 1.2 Koordinierte Bevölkerungsvorausberechnung des Anteils älterer Menschen an der Bevölkerung von 1960 bis 2060 in Deutschland

So können beispielsweise Vital- und Umgebungsdaten über körpernahe und räumlich verteilte Sensorsysteme erfasst werden. Dies erfordert sowohl einen modularen als auch vernetzten Aufbau der verwendeten Technik im AAL-Umfeld, sodass sich diese an den individuellen Bedarf und die Umgebung des Nutzers anpassen kann.

Ein weiterer Grund, die Entwicklung und den Einsatz von AAL-Systemen voranzutreiben, ist die mit dem demografischen Wandel einhergehende Pflegekrise, die sich in den nächsten Jahrzehnten weiter verschärfen und unser Gesundheitssystem immens belasten wird. Senioren- und Pflegeheime sind überfüllt und es mangelt an gut ausgebildeten Assistenz- und Pflegekräften.

Gleichzeitig hegt die Mehrheit der alternden oder physisch beeinträchtigten Menschen den Wunsch, so lange und so selbstständig wie möglich in den eigenen vier Wänden zu leben, ohne ihren Komfort und ihr Sicherheitsbedürfnis aufgeben zu müssen. Die fortschreitende Digitalisierung und entsprechende Technologien können hier Lücken schließen. Kann die Technik Menschen in ihrer mitfühlenden Pflege- und Unterstützungstätigkeit nicht ersetzen, so kann sie diese jedoch in jedem Fall ergänzen. Ein immer stärker vernetzter Wohnraum muss so gestaltet sein, dass er sich den Bedürfnissen des Bewohners anpasst, mitwächst und auf diese Weise Alltagstätigkeiten vereinfacht sowie das Leben in den eigenen vier Wänden sicherer macht.

Tabelle 1.1 zeigt die Vorteile von AAL sowohl für gesunde als auch für eingeschränkte und schutzbedürftige Menschen auf.

Dass AAL-Produkte zunehmend an Relevanz gewinnen, hat auch die Covid-19-Pandemie eindrücklich gezeigt: Trends für neue Lebensarten und

Für gesunde Menschen stärkt und unterstützt AAL	Für eingeschränkte oder schutzbedürftige Menschen reduziert oder nimmt AAL
Komfort und Genuss des täglichen Lebens	Angst vor beispielsweise Verletzungen, unvorherseh-baren Ereignissen, dem Tod
Zeitersparnis	Frustration, weil tägliche Aufgaben nicht mehr (allein) erledigt werden können
Überwachung der eigenen Gesundheit	Vergesslichkeit, z. B. in Bezug auf Medikamente, Termine, Örtlichkeit
Eigenständigkeit	soziale Isolation

Tabelle 1.1 Vorteile von AAL im Alltag gesunder, aber auch eingeschränkter oder schutzbedürftiger Menschen

Arbeitsmodelle ebenso wie Lockdown- und Sicherheitsmaßnahmen, Kontaktbeschränkungen sowie der eingeschränkte Zugang zu bestimmten Bereichen oder Dienstleistungen haben zu einer gestiegenen Nachfrage nach Produkten und Services für den häuslichen Gebrauch geführt.

Entscheidende Voraussetzung für eine sichere Nutzung dieser ist die fachgerechte Planung und Installation von AAL-Systemen und Technologien, an der die Elektrotechnik maßgeblich beteiligt ist. Um vernetzte Gesundheitstechnologien und unterstützende Komponenten flächendeckend einsetzen zu können, braucht es Systeme, die Sicherheit und Einfachheit in der Anwendung garantieren und gleichzeitig untereinander verknüpft werden und agieren können. Im Fokus steht dabei der messbare Nutzen für den Anwender. Gleichwohl unterliegt es keinem Zweifel, dass bezüglich der Integration und Interoperabilität der einzelnen Systeme sowie hinsichtlich der Qualitätssicherung und Ausbildung von Fachkräften noch Lücken auszumachen sind. Verschiedene Institutionen und Verbände engagieren sich tagtäglich dafür, diese zu schließen und das Thema AAL national wie international voranzubringen.

Dieses Buch soll einen Überblick über die Bedeutsamkeit von AAL für die Gesellschaft, ebenso wie für Architekten, Planer und Installateure geben. In Theorie und Anwendungsbeispielen aus der Praxis folgt eine Auseinandersetzung mit den einschlägigen Normen, Technologien und Systemen. Zugleich werden essenzielle und in Zusammenhang stehende Themen wie Finanzierung, Datenschutz und -sicherheit beleuchtet.

Ziel ist es, die Chancen für alle Beteiligten aufzuzeigen und gleichermaßen für Entwicklungspotenziale und Lücken in der alltäglichen Umsetzung zu sensibilisieren.

1.2 Begriffsbestimmung

Zunächst einmal soll der Begriff Active Assisted Living (AAL) genauer definiert werden. Gemeint sind in erster Linie alltagsunterstützende Assistenzsysteme, sprich Lösungen für jede Lebenssituation, die die Bedürfnisse der Nutzer erkennen können und darauf basierend eine individuelle Assistenz zur Verbesserung der Lebensqualität bereitstellen.

AAL umfasst dabei Konzeptionen, Systeme, Software und Technologien, die meist in Kombination mit Dienstleistungen eine bedarfsgerechte Unterstützung in dynamischen Lebenswelten ermöglichen. Die Systeme und Komponenten sind auf die individuellen Bedürfnisse von Menschen und deren Lebensumfeld ausgerichtet. Ziel ist es, die Potentiale digital vernetzter Technik für ein gesundes, sicheres und angenehmes Leben unter Berücksichtigung sozialer, ethischer und rechtlicher Rahmenbedingungen nachhaltig nutzbar zu machen.

Daraus ergibt sich eine Vielzahl an Technologien und Komponenten, die in verschiedenste Domänen und themenübergreifende Schnittstellen hineinfließen, weshalb sowohl auf nationaler als auch auf internationaler Ebene eine enge Zusammenarbeit von relevanten Gremien, Akteuren und Interessengruppen angestrebt wird. Einen systematischen Ansatz in der Normung und Standardisierung zu erreichen, um die Fähigkeit zur Vernetzung verschiedener AAL-Systeme gewährleisten zu können, gilt hierbei als Zielsetzung. **Bild 1.3** zeigt zahlreiche Aspekte und Schnittstellen von AAL im Alltag auf.

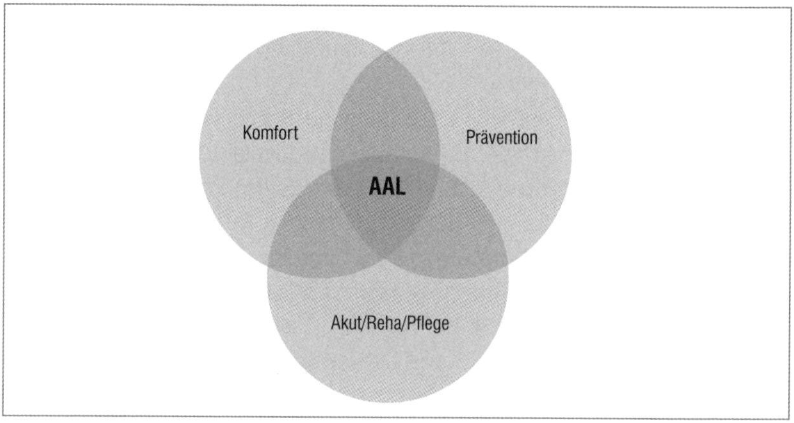

Bild 1.3 AAL-Systeme, -Technologien und -Komponenten werden zu unterschiedlichen Zwecken im menschlichen Zusammenleben gewinnbringend eingesetzt.

AAL deckt dabei eine große Bandbreite an technologischen Möglichkeiten ab, die das menschliche Zusammenleben und dessen Qualität maßgeblich beeinflussen. Dabei spielen die folgenden drei Bereiche eine zentrale Rolle, deren Übergänge jedoch durchaus fließend sein können.

Komfort

Allgemeine Lebensunterstützung, Alltagserleichterung und -annehmlichkeiten, zum Beispiel:

- Quartiersvernetzung,
- Zentral-Aus-Schalter,
- personalisierter Wohnungszugang,
- Haushaltsunterstützung,
- lokale Haus- und Objektsteuerung.

Prävention

Gezielte Maßnahmen, um die Krankheitslast der Bevölkerung zu verringern, zum Beispiel:

- Personenortung,
- sensorische Raumüberwachung,
- intelligenter Fußboden,
- Sturzvermeidung,
- kognitive Aktivierung.

Akut/Reha/Pflege

Maßnahmen zur Versorgung von Hilfsbedürftigen/Unterstützung bei Krankheit oder Pflegebedürftigkeit, zum Beispiel:

- Telemonitoring von Vitalparametern, Schmerzen und Wunden,
- elektronische Dokumentationssysteme,
- Exoskelett für Gehbehinderte,
- intelligente Matratzen,
- Sensorauflagen für Betten und Rollstühle.

AAL berücksichtigt gesellschaftliche Entwicklungen und hat das Potenzial, in Zukunft zur Schonung von Ressourcen beizutragen und gleichermaßen die Risiken für das Individuum und die Gesellschaft zu begrenzen. Das maßgebliche Momentum für AAL-Produkte ist die Erfüllung individueller Bedürfnisse, die sich vier Kategorien zuordnen lassen: Gesundheit, Soziale Teilhabe, Sicherheit und Komfort.

Gesundheit

„Gesundheit ist ein Zustand des vollständigen körperlichen, geistigen und sozialen Wohlergehens und nicht nur das Fehlen von Krankheit oder Gebrechen.“ (WHO, 1946) Gesundheit umfasst also qua Definition auch die Bereiche Teilhabe und Inklusion.

Unterschiedliche Disziplinen setzen AAL-Konzeptionen, Systeme, Software und Technologien ein, um Individuen diesen Zustand zu ermöglichen, Gesundheit zu fördern und Selbstfürsorge zu aktivieren. Die Aktivierung von Kompetenzen für ein selbständiges und selbstbestimmtes Leben deckt sich unter anderem mit dem Kernziel der Betreuung. Menschen soll es ermöglicht werden, weitestgehend unabhängig von Pflege- und Betreuungsleistungen zu leben. AAL-Technologien können hierzu einen Beitrag leisten, indem sie vorhandene Kompetenzen stärken und Einschränkungen ausgleichen.

Soziale Teilhabe

Menschen sind auf soziale Teilhabe und Beziehungen angewiesen und ohne sie nicht lebensfähig. AAL-Technologien können hierbei Unterstützung bieten, indem sie die Teilhabe am politischen, kulturellen und geselligen Leben ermöglichen, soziale Kompetenzen fördern sowie entsprechende Barrieren und Einschränkungen verringern.

Sicherheit

Der gesellschaftliche und technische Wandel führt zu Veränderungen und kann eine Vielzahl von Risiken beinhalten. In der Folge wachsen individuelle und gesellschaftliche Sicherheitsbedürfnisse. Diese äußern sich in einem Streben nach Geborgenheit, Vertrautheit und vermehrter Sicherheit.

Mit AAL-Systemen kann die persönliche Sicherheit erhöht werden, indem Risiken erkannt und kritischen Situationen vorgebeugt oder diese reduziert werden. Die dadurch erforderlichen Maßnahmen und Assistenzleistungen können dann umgehend eingeleitet werden.

Komfort

Der Nutzen und die Nutzbarkeit von AAL-Systemen steigen, wenn sie Bedürfnisse abdecken, die über lebenswichtige Funktionen hinausgehen. Es handelt sich um Kriterien wie Bequemlichkeit und Behaglichkeit, die einer sehr individuellen Einschätzung unterliegen und vorwiegend zur Steigerung der persönlichen Lebensqualität beitragen.

Auch der Komfort spielt eine wichtige Rolle bei der Auswahl von Produkten und erfüllt Bedürfnisse, die die sozioökonomische und kulturelle Zufriedenheit und Akzeptanz fördern. Komfortaspekte sind darüber hinaus abhängig von der Alterskohorte der Nutzer.

Zu den Komfortaspekten zählen bei AAL-Systemen die Verringerung einer hohen physischen Anstrengung, die vereinfachte Nutzung (Usability) und die erhöhte Behaglichkeit, wie sie in vielen Smart-Living-Konzeptionen angeboten wird. Auch die allgemeine Förderung einer gesunden Lebensführung ist ein Komfortaspekt, der zum Beispiel durch intelligente Applikationen und Anwendungen erreicht wird.

Neben dem Begriff Active Assisted Living findet sich häufig auch die Bezeichnung Ambient Assisted Living. Insbesondere im Umfeld der Normung wurde Ambient Assisted Living im Jahre 2015 von Active Assisted Living abgelöst. In 2023 wurde innerhalb der International Electronical Commission (IEC) ein eigenes System Komitee AAL ins Leben gerufen. Da die Bezeichnung „Ambient" auf EU-Ebene nicht mehr verwendet wurde (hier sprach man eher von „Active and Assisted Living" oder „Aging well"), einigte man sich in der Kick-off Sitzung des IEC SyC AAL auf die einheitliche Bezeichnung Active Assisted Living.

1.3 Barrierefreiheit

Barrierefreiheit bezeichnet eine Gestaltung der Umwelt, sodass sie auch von Menschen mit Beeinträchtigungen ohne zusätzliche Hilfen genutzt und wahrgenommen werden kann. Im modernen Sinn zielt das Prinzip der Barrierefreiheit darauf ab, allen Menschen, deren Möglichkeiten und Fähigkeiten nicht einem gewissen Standard entsprechen, einen adäquaten Zugang zu ermöglichen. Diese weitergehende Sichtweise der Barrierefreiheit soll die Bedürfnisse aller Menschen berücksichtigen, weshalb es auch „Design für Alle" oder „universelles Design" genannt wird.

Barrierefreiheit spielt eine wichtige Rolle für Active Assisted Living, da das Ziel von AAL-Technologien darin besteht, älteren oder körperlich beeinträchtigten Menschen ein selbstbestimmtes Leben in den eigenen vier Wänden zu ermöglichen. Barrierefreiheit bedeutet in diesem Zusammenhang, dass AAL-Systeme und -Anwendungen für alle Menschen, unabhängig von ihrer individuellen Fähigkeit, Technologie zu nutzen, zugänglich und nutzbar sein müssen. AAL-Systeme und -Anwendungen sollten daher derart gestaltet sein, dass sie von Menschen mit unterschiedlichen körperlichen und geistigen Fähigkeiten und Bedürfnissen genutzt werden können.

Die Barrierefreiheit von AAL-Systemen kann durch verschiedene Maßnahmen verbessert werden, beispielsweise durch den Einsatz von Sprachsteuerung oder haptischen Interfaces für Menschen mit Seh- oder Hörbehinderungen, die Verwendung von größeren Schriftgrößen und Kontrasten für Menschen mit Sehschwächen oder den Gebrauch von Symbolen und Bildern für Menschen mit kognitiven Einschränkungen. Eine hohe Barrierefreiheit kann dazu beitragen, dass ältere oder beeinträchtigte Menschen AAL-Systeme besser nutzen können und somit ihre Lebensqualität verbessert wird [2].

Eine technologische Barrierefreiheit bildet die Leitlinie der Planung und Gestaltung von Active Assisted Living. Alles, was die Nutzung von verfügbaren AAL-Lösungen erschwert oder für bestimmte Endnutzer gar unmöglich macht, gilt es zu vermeiden.

Im AAL-Bereich lassen sich mehrere Barrieren für Nutzer identifizieren:

1) Der Nutzen von Technologieeinsatz im eigenen Zuhause wird vor allem von Seniorinnen und Senioren, die nicht mit Technologie aufgewachsen sind, nicht wahrgenommen. Mangelndes Wissen führt zu Unverständnis, Vorteile sind nicht konkret erkennbar, die Effektivität und das Funktionieren von Technik werden infrage gestellt.
2) Der Aufwand für den Einsatz der Technologie wird als zu hoch eingeschätzt: Die Folge sind die Erwartung eines hohen Kosteneinsatzes und ein Unverständnis für (Wartungs-)Kosten.
3) Die notwendigen Anpassungsleistungen sind zu aufwendig oder unzureichend, woraus die Befürchtung vor einem zu starken Eingriff der Technologie in Alltagsroutinen entsteht.
4) Es bestehen Ängste gegenüber dem Technologieeinsatz im eigenen Zuhause, hierunter fallen Bedenken hinsichtlich des Datenschutzes, die Angst vor einer Überwachung, Vereinsamung sowie vor etwaigen Gesundheitsschäden durch die Technologie und die Sorge vor einer möglichen Stigmatisierung.
5) Die Technologie wird als unästhetisch empfunden. Die Erkenntlichkeit als Medizintechnik und die damit einhergehende Konnotation mit Alter und Krankheit wird als Störung der Ästhetik der Wohnung empfunden.
6) Die Technologie stellt zu hohe Ansprüche an die Nutzer und führt zu einer Angst vor Überforderung im Umgang mit den Endgeräten.

Viele dieser Barrieren können bereits durch angemessenen Dialog mit den Nutzern minimiert oder gar abgebaut werden. Angehörige wie Pflegepersonal spielen hier eine entscheidende Rolle, um entsprechende Ängste gegenüber der Technologie abzubauen. Ein transparenter Kostenplan sowie klare Abklärungen aus datenschutzrechtlicher Perspektive unterstützen die Annahme der Technologien.

Die Europäische Union hat sich zum Ziel gesetzt, die digitale Barrierefreiheit in Europa zu verbessern. Hierzu wurde im Jahr 2016 die Richtlinie (EU) 2016/2102 des Europäischen Parlaments und des Rates über den barrierefreien Zugang zu den Websites und mobilen Anwendungen öffentlicher Stellen erlassen. Diese Richtlinie legt fest, dass öffentliche Stellen ihre Websites und mobilen Anwendungen barrierefrei gestalten müssen, um den Zugang zu digitalen Dienstleistungen für alle Bürgerinnen und Bürger zu gewährleisten. Die Barrierefreiheitsanforderungen gelten auch für Anwendungen und Systeme im Bereich Active Assisted Living [3].

Bei der Entwicklung von AAL-Technologien gilt das Paradigma des menschenzentrierten Designs. Menschenzentriertes Design bezeichnet einen Ansatz des gestalterischen Prozesses, der zutiefst auf allgemeinen natürlichen Merkmalen und Eigenheiten der menschlichen Psychologie und Wahrnehmung beruht. In Absprache mit dem Endnutzer kann exakt festgelegt werden, welcher Technologie es bedarf und welchen Nutzen diese zu erfüllen hat. Dies geschieht unter Berücksichtigung entsprechender Richtlinien bei der Entwicklung, insbesondere von User-Interfaces. Dabei wird zwischen Hardware- und Software-Interfaces unterschieden [4].

Hardware-User-Interfaces sind Objekte, die es dem Menschen ermöglichen, der entsprechenden Technologie einen Befehl zu übermitteln. Sie sind entweder über Kabel oder eine Funktechnologie mit anderen Geräten verbunden, die nach der Betätigung die gewünschte Aktion ausführen. Im Rahmen der AAL-Technologien zählen zu den Hardware-User-Interfaces vernetzbare, zum Beispiel in einem Smart Home verbaute Wandschalter, Thermostate, Touchscreens (es werden Single-Touch und Multi-Touch-Varianten unterschieden) und Funk-/Chip-/Schlüsselkarten. Maus und Tastatur finden für den Endnutzer der AAL-Technologien kaum Anwendung.

Ein **Software-User-Interface** ist der Teil eines Programms, der die Eingaben von Menschen an digitalen Geräten verarbeitet. Dazu zählen Graphical User Interfaces (GUI), Voice User Interfaces und Apps.

Es gibt verschiedene Richtlinien und Empfehlungen für die Entwicklung barrierefreier User-Interfaces im Bereich Active Assisted Living.

Einige davon sind:

- Die europäische Norm EN 17210:2019 „Active Assisted Living – Barrierefreie Gestaltung von Systemen und Dienstleistungen" gibt Empfehlungen zur Gestaltung von AAL-Systemen und -Dienstleistungen, um eine hohe Barrierefreiheit zu gewährleisten.
- Die Web Content Accessibility Guidelines (WCAG) sind Richtlinien des World Wide Web Consortiums (W3C), die Empfehlungen zur barrierefreien Gestaltung von Webinhalten geben. Diese Richtlinien können auch auf die Gestaltung von User-Interfaces im AAL-Bereich angewendet werden.
- Die Usability Professionals Association (UPA) hat ein Whitepaper mit dem Titel "Designing for Older Adults: Principles and Creative Human Factors Approaches" veröffentlicht. Dieses gibt Empfehlungen zur Gestaltung von User-Interfaces für ältere Menschen, die auch im AAL-Bereich relevant sind.
- Die Bundesanstalt für Arbeitsschutz und Arbeitsmedizin (BAuA) hat einen Leitfaden zur barrierefreien Gestaltung von Benutzungsschnittstellen veröffentlicht. Dieser gibt Empfehlungen zur Gestaltung von User-Interfaces im Allgemeinen, aber auch im Hinblick auf spezielle Zielgruppen wie ältere Menschen oder Menschen mit Behinderungen.

Diese Richtlinien und Empfehlungen können Entwicklern von AAL-Systemen als Hilfestellung dienen, um User-Interfaces zu gestalten, die für eine breite Zielgruppe zugänglich und nutzbar sind. Bei der Entwicklung von User-Interfaces oder Mensch-Maschinen-Schnittstellen (MMS) sollten diverse Gestaltungshinweise im Hinblick auf die Anforderungen der Nutzer berücksichtigt werden. Für die Gestaltung von Interfaces im AAL-Bereich lohnt es sich deshalb, Leitfäden in Abhängigkeit von Bedürfnissen und Fähigkeiten der Endnutzer zu erarbeiten. Von elementarer Bedeutung dabei ist, besonderen Wert auf eine angepasste Gebrauchstauglichkeit zu legen.

Auf der Grundlage der ISO-Norm 9241-110 wurden deshalb sieben Dialog-Prinzipien entwickelt, um interaktive Softwaresysteme nutzungsfreundlicher zu machen:

1. Eignung für die Aufgabe
   Ein Dialog unterstützt die Eignung für die Aufgabe dann, wenn er Benutzern zu einer effektiven und effizienten Erledigung der Aufgabe verhilft. Der Dialog sollte nur Informationen enthalten, die mit der jeweiligen Aufgabe zusammenhängen.

2. Selbstbeschreibungsfähigkeit
   Ein Dialog ist dann selbsterklärend, wenn jeder Dialogschritt unmittelbar und verständlich durch das Feedback des Systems aufgezeigt wird oder Nutzern auf Anfrage erläutert wird.
3. Steuerbarkeit
   Ein Dialog ist dann kontrollierbar, wenn Benutzer in der Lage sind, die Richtung während der Interaktion beizubehalten, bis das Ziel erreicht ist.
4. Übereinstimmung mit der Erwartungshaltung der User
   Ein Dialog ist konform zu den Erwartungen der Nutzer, wenn er mit dem Wissen um die Aufgabe, der Bildung und der Erfahrung der Benutzer übereinstimmt und allgemeine Konventionen eingehalten sind.
5. Fehlertoleranz
   Ein Dialog unterstützt die Fehlertoleranz dann, wenn trotz offensichtlicher Fehler in der Eingabe die angestrebten Ergebnisse ohne oder mit minimalen Korrekturmaßnahmen erreicht werden können.
6. Eignung zur Individualisierung
   Ein Dialog unterstützt die Eignung für die Individualisierung dann, wenn das Dialogsystem so konstruiert ist, dass eine Modifizierung der individuellen Bedürfnisse und Fähigkeiten der Benutzer/innen für eine bestimmte Aufgabe ermöglicht werden kann.
7. Eignung zum Lernen
   Ein Dialog unterstützt die Lernförderlichkeit dann, wenn User durch die Lernstufen geführt werden, und sich die Lernzeit verkürzt.

Grundsätzlich empfiehlt es sich, bei der Entwicklung von User-Interfaces im AAL-Bereich auf das bereits erwähnte Prinzip des Human Centered Designs zu setzen [5].

Aus ergonomischer Sicht werden für das AAL-Hardware-Design folgende allgemeine Gestaltungsempfehlungen empfohlen:

- niedriger Energieverbrauch,
- deutlich sichtbarer Ein-/Ausschalter,
- ausreichende Größe der Hardware für eine angenehme Bedienung: körperliche Einschränkungen (insbesondere altersbedingte) sollten die Anwendung in keiner Weise erschweren,
- ausreichend viele Kontrollelemente bei einer fehleranfälligen Anwendung: bestenfalls auf Tastenkombinationen verzichten, eindeutige Beschriftungen verwenden,
- leicht zu nutzende Bedienelemente,
- keine Mehrfachverwendung von Bedienelementen,

- weder Fremdsprache noch Fachbegriffe auf den Bedienetiketten,
- Verwendung von leichter Sprache,
- lesbare Etiketten, auch bei schlechtem Licht,
- erkennbare und vertraute Zeichen und Symbole auf den Bedienelementen,
- eine sorgfältige Anordnung der Bedienelemente, um Verwirrung oder unerwünschte Bedienung von Elementen zu vermeiden: damit ist unter anderem sowohl der Ort des Elementes insgesamt gemeint (z. B. Platzierung an gut erreichbaren Stellen) als auch ein adäquater Abstand zwischen den einzelnen Elementen,
- anpassungsfähiges, multimodales Feedback: insbesondere bei Produkten, die für Menschen mit Demenz entwickelt werden, ist es notwendig, dass Rückmeldungen der Technologien für die direkt Betroffenen klar und eindeutig sind,
- leicht zu reinigende/s Oberfläche/Gerät,
- ansprechendes Design, je nach Anwendungsfall. Um Stigmatisierung vorzubeugen, sollten Technologien unauffällig gestaltet werden,
- eine einfache und verständliche Bedienungsanleitung, die die wichtigsten Funktionen (in Bild oder Text) aufzeigt,
- benutzerfreundliche Verpackung, die ohne zusätzliche Hilfe zu öffnen ist.

2 AAL-Normenlandschaft

2.1 Einführung

Mit Blick auf die kommenden Jahre und die gesellschaftlichen, politischen und wirtschaftlichen Entwicklungen bietet das AAL-Umfeld ein enormes Innovationspotenzial, das jedoch einige Herausforderungen mit sich bringt. Die technische Unterstützung hilfsbedürftiger Menschen wirkt sich unmittelbar auf die finanzielle Zukunft des Gesundheitssystems aus. Gleichzeitig müssen Lösungen gefunden werden, die die Entwicklung von Systemen und Systemkomponenten wirtschaftlich machen. Zugleich sollte die Technik für den Endverbraucher rentabel, verständlich und anwendbar sein.

Um diese Aspekte bestmöglich in Einklang zu bringen, sind Normen und Spezifikationen auf nationaler und internationaler Ebene notwendig. Ein unerlässliches Erfordernis hierbei ist, die verschiedenen Interessengruppen, die von AAL-Systemen sowie der Normung und Standardisierung in diesem Bereich profitieren, in die Entwicklung einzubinden. Denn wo vielseitige Expertisen aufeinandertreffen, können Innovationen frühzeitig aufgegriffen und in die Tat umgesetzt werden. Voraussetzung dafür ist ein heterogenes Normengremium, das nach dem Mehraugenprinzip eine fachliche Absicherung sicherstellt. Jedoch müssen Normen im AAL-Umfeld markt- und bedarfsgerecht ergänzt werden. Gerade weil an der Planung und Entwicklung von AAL-Systemkomponenten so viele betroffene Kreise beteiligt sind, genügt eine einfache Deklaration von AAL-Bedingungen nicht. Die Entwicklung des AAL-Umfelds erfordert das Zusammenspiel mit weiteren Gesetzen wie dem Medizinproduktegesetz oder dem Datenschutzgesetz.

Insbesondere unter Berücksichtigung der folgenden Punkte sind Normungs- und Standardisierungsarbeiten im AAL-Umfeld von zentraler Bedeutung [6]:

- Interoperabilität: Die verschiedenen Nutzergruppen stellen unterschiedliche Anforderungen an AAL-Systeme. Daher müssen einzelne Komponenten bestmöglich zusammenarbeiten sowie mit- und untereinander kompatibel und austauschbar sein. Zuverlässig sicherstellen lässt sich dies nur bei Vorhandensein entsprechender Normen und Standardisierungen.
- Sicherheit: Damit die umfassende Sicherheit elektronischer Produkte und Systeme gewährleistet und objektiv nachgewiesen werden kann, bedarf es allgemein akzeptierter Regeln und Prüfverfahren.

- Fachwissen: Eine rasante Verbreitung technischer Innovationen kann nur dann nachhaltig sein, wenn eine qualitativ hochwertige Beratung im AAL-Umfeld sowie ein fachgerechter Umgang mit den Systemen und Komponenten garantiert wird. Für diesen Wissenstransfer braucht es qualifiziertes Personal und die Entwicklung neuer Berufsfelder, wie zum Beispiel den Elektroniker für Gebäudesystemintegration.
- Standardisierung: Statt immer wieder eigene, spezielle AAL-Systeme zu entwickeln, ist vielfach die Ertüchtigung von Standardprodukten und -systemen durch AAL-Komponenten vorzuziehen.

2.2 Grundlagen der Normung

Um nachvollziehen zu können, welche Rolle Normen und Standards sowie die zuständigen Gremien in Bezug auf die Elektrotechnik im Allgemeinen und AAL im Speziellen zugeschrieben wird, bedarf es einleitend einer kurzen Erörterung der Grundlagen.

Zu Beginn steht die Unterscheidung der beiden Begriffe Normung und Standardisierung, die häufig synonym oder in ähnlichen Kontexten verwendet werden, die sich aber bereits auf Basis der ihnen zugrunde liegenden Prozesse erheblich differenzieren.

2.2.1 Normung

„Die Normung ist ein Prozess, bei dem materielle und immaterielle Gegenstände zum Nutzen der Allgemeinheit im Konsens vereinheitlicht werden. Das bedeutet, dass alle am Thema interessierten Kreise planmäßig und gemeinschaftlich am Prozess mitwirken, die Öffentlichkeit einbezogen wird (vgl. DIN 820-3:2014-06, 3.1.3.1.) und folglich eine möglichst hohe Akzeptanz der Ergebnisse vorliegt.“ [7]

Eine Normung folgt den folgenden 10 Grundsätzen:

1. Freiwilligkeit
2. Öffentlichkeit
3. Konsens
4. Einheitlichkeit und Widerspruchsfreiheit
5. Ausrichtung am allgemeinen Nutzen
6. Beteiligung aller interessierten Kreise
7. Ausrichtung am Stand der Technik

8. Sachbezogenheit
9. Ausrichtung an der Wirtschaft
10. Internationalität

Bild 2.1 zeigt das Zusammenwirken der einzelnen Aspekte, die es bei der Normung zu berücksichtigen gilt.

Bei einer Norm handelt es sich um ein Dokument, welches Regelungen für Produkte, Verfahren, Technologien und Dienstleistungen festhält. Sie ist üblicherweise nicht verbindlich, sondern steht zur freiwilligen Anwendung zur Verfügung – sofern ihre Anwendung nicht gesetzlich oder vertraglich vorgeschrieben ist. Mit ihren Vorgaben und Eigenschaften dient die Norm als eine Art Richtschnur, Leitsatz oder Handlungsempfehlung und bei juristischen Entscheidungen als anerkannter Sachverstand.

Normen haben drei zentrale Ziele: Sicherheit, Austauschbarkeit und Kompatibilität zur Steigerung der Effizienz und der Produktivität mit einer hohen Akzeptanz zu erwirken, weswegen ihnen ein hoher Stellenwert beigemessen wird. Die Zusammenarbeit wird gefördert, Prozesse werden vereinheitlicht und die Kommunikation wird aufgrund klarer Vorgaben und Strukturen verbessert.

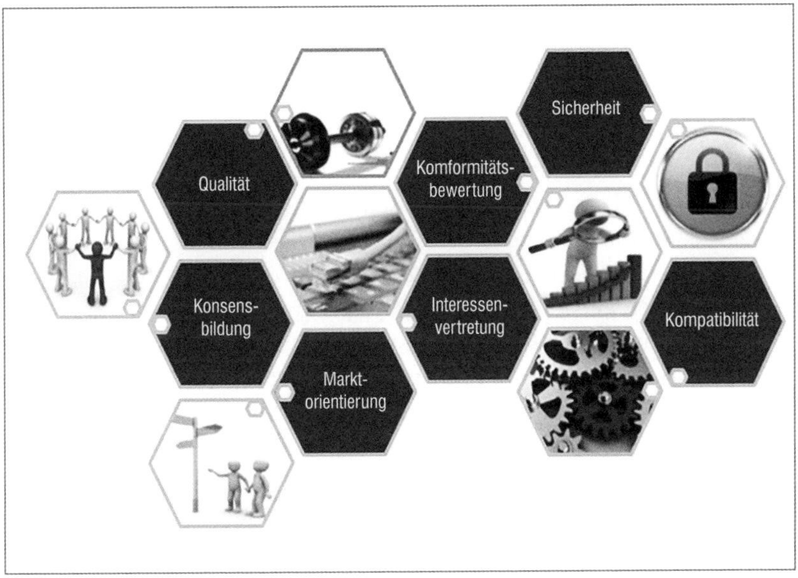

Quelle: DKE Deutsche Kommission Elektrotechnik Elektronik Informationstechnik in DIN und VDE

Bild 2.1 DKE – Ziele der Normung

2.2.2 Standardisierung

„Standardisierung bedeutet die technische Regelsetzung ohne zwingende Einbeziehung aller interessierten Kreise, ohne die Verpflichtung zur Beteiligung der Öffentlichkeit und ohne Konsenspflicht (vgl. E DIN 820-3:2019-12, 3.1.3.2). Dies beschleunigt zum einen den Prozess der Standardisierung, er kann zum anderen aber auch die Akzeptanz und breite Anwendung der Ergebnisse mindern.“ [8]

Wie kommen Normen und Standards zustande? Für diesen Entstehungsprozess findet sich ein Expertenkreis zusammen, im Idealfall bestehend aus allen interessierten Bereichen. Der Begriff „Gremium“ kann hier synonym verwendet werden. Die technischen Experten decken verschiedene Sparten ab; unter ihnen befinden sich Verbraucher, Dienstleister, Wissenschaftler oder staatliche Organisationen. Der entstehende Dialog unter Einbeziehung der vielfältigen Anliegen und Einwände fördert den Konsens und kommt somit dem idealen Interessenausgleich am nächsten. Der enge Bezug zur Praxis über die verschiedenartigen Branchen und Erfahrungsfelder hinweg bietet hierbei einen entscheidenden Vorteil.

Sobald das Gremium bzw. der zuständige Ausschuss Einigkeit erlangt und Normen festgelegt hat, werden diese in Entwurfsform der Öffentlichkeit vorgestellt. Die Veröffentlichung des Norm-Entwurfes erfolgt in der Regel über Fachzeitschriften. Bis diese Etappe erreicht ist, kann jedoch viel Zeit vergehen. Deshalb sind für sich rasant und dynamisch entwickelnde Märkte wie die Elektromobilität oder die Informations- und Telekommunikationstechnologie spezielle Eilverfahren vorgesehen, die eine Veröffentlichung in kürzeren Zeitspannen ermöglichen. Diese werden als Spezifikationen bezeichnet und nach klar definierten Regeln erarbeitet. Zu ihnen zählen Leitfäden und VDE-Anwendungsregelungen.

Die Beantragung von Normen und Standards steht im Übrigen jeder Person offen. Was folgt, ist die Entwicklung von Norm-Entwürfen durch das Gremium auf Basis des gestellten Antrages. Dies erfolgt demokratisch in einem mehrstufigen Abstimmungsverfahren, bevor es zur endgültigen Verabschiedung kommt. Während des Prozesses besteht die Möglichkeit, innerhalb einer vorgegebenen Frist Einspruch zu erheben. In einem sich anschließenden öffentlichen Verfahren wird letztlich darüber entschieden, ob dem Norm-Antrag stattgegeben wird, sodass am Ende des Prozesses das Ergebnis einer allgemein „anerkannten Regel der Technik“ steht (Paragraf 49 Energiewirtschaftsgesetz (EnWG)). Auch wenn sich Normungsprozesse je nach Art und Trägerorganisation unterscheiden können, so sind doch gewisse Grundpfeiler übergreifend einheitlich, woraus sich die folgenden vier Schritte auf dem Weg zur Normung ergeben:

1. Einreichung des Normungsantrages/der Normungsidee
2. Erarbeitung eines Norm-Entwurfes
3. Öffentliche Stellungnahme zum Norm-Entwurf
4. Bei allgemeiner Zustimmung: Entstehen der fertigen Norm zum Erwerb

Insofern kann jeder Interessierte eigene Konzepte beisteuern und an der Normung teilhaben. Auf nationaler, europäischer und internationaler Ebene können Normen-Anträge sowie -Überarbeitungen bei der DKE oder dem DIN gestellt werden.

2.2.3 AAL-Normengremien

Wie bereits erwähnt, findet die Komplexität der Normenlandschaft und die Standardisierung sowohl auf nationaler als auch auf internationaler Ebene ihren Raum. **Bild 2.2** vermittelt einen Überblick über die relevanten und an Normungsprozessen beteiligten Institutionen, die nachfolgend vorgestellt werden.

Quelle: DKE Deutsche Kommission Elektrotechnik Elektronik Informationstechnik in DIN und VDE

Bild 2.2 An Normung und Standardisierungen beteiligte internationale Institutionen

ISO – Internationale Organisation für Normung

Die Internationale Organisation für Normung, kurz ISO, wurde 1947 als Verein nach schweizerischem Recht gegründet und vereinigt internationale Normungsorganisationen. Sie erarbeitet internationale Normen in allen Bereichen mit Ausnahme der Elektrik, Elektronik und Telekommunikation, da für diese Themengebiete die Internationale Elektrotechnische Kommission

(IEC) bzw. die Internationale Fernmeldeunion (ITU) zuständig sind. Gemeinsam bilden ISO, IEC und ITU die World Standards Cooperation (WSC).

IEC – International Electrotechnical Commission/Internationale Elektrotechnische Kommission

Die 1906 gegründete Internationale Elektrotechnische Kommission mit Sitz in Genf ist als internationale Normungsorganisation zuständig für die Bereiche Elektrotechnik und Elektronik. Innerhalb der IEC wurde im Jahr 2015 ein eigenes System Komitee für Active Assisted Living (SyC AAL) gegründet, dessen Zielsetzung darin besteht, AAL zu verbessern und die Vereinbarkeit technischer Lösungen mit dem sozialen Umfeld voranzutreiben. Dabei befasst sich das Komitee nicht lediglich mit einzelnen Produkten, sondern nähert sich der Thematik auf Systemebene.

„IEC SyC AAL fördert die Sicherheit, den Schutz der Privatsphäre und die herstellerübergreifende Interoperabilität bei der Nutzung von AAL-Systemen und -Diensten, ohne sich dabei lediglich auf einzelne Produkte zu konzentrieren. Sie fördert die Standardisierung, die ihre Nutzbarkeit und Zugänglichkeit ermöglicht. Um die übergreifende Normung und allgemeinere systemweite Fragen anzugehen, hat das SyC AAL formelle Verbindungen zu den technischen Ausschüssen der ISO, der International Telecommunication Union (ITU), den Industriekonsortien und anderen Organisationen aufgebaut.“ [9]

Bild 2.3 zeigt die diversen Themenfelder auf, welchen sich das System Komitee für Active Assisted Living im Zusammenwirken mit anderen Kollaborateuren widmet.

ITU – International Telecommunication Union/Internationale Fernmeldeunion

Die Internationale Fernmeldeunion (auch: Weltnachrichtenverein) mit Sitz in Genf ist eine Sonderorganisation der Vereinten Nationen und setzt sich als einzige völkerrechtlich verankerte internationale Organisation offiziell und weltweit mit technischen Aspekten der Telekommunikation auseinander.

CEN – Comité Européen de Normalisation/Europäisches Komitee für Normung

Das Europäisches Komitee für Normung ist eine private, nicht gewinnorientierte Organisation mit Hauptsitz in Brüssel. Das CEN verantwortet europä-

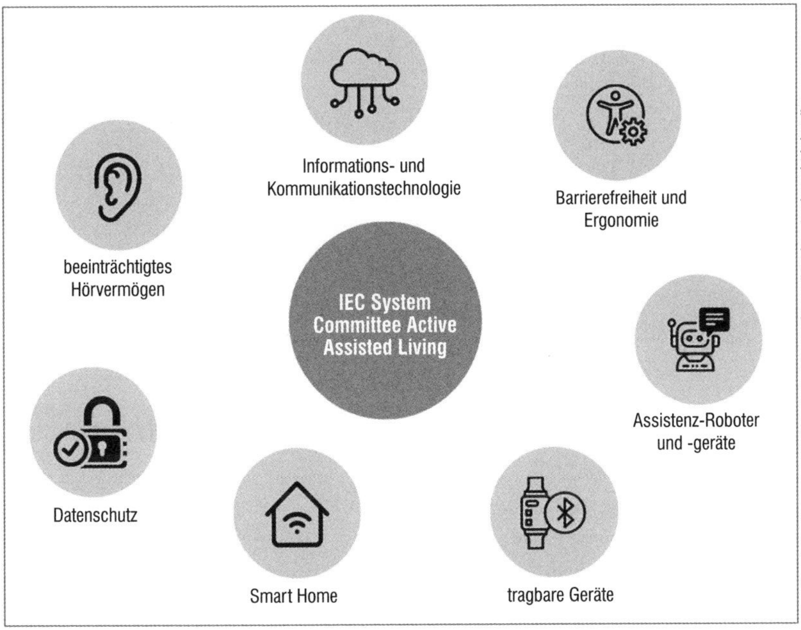

Bild 2.3 Themenfelder in der Arbeit des System-Komitees für Active Assisted Living

Quelle. Adaptiert aus IEC Systems Committee "Active Assisted Living"

ische Normen in allen technischen Bereichen mit Ausnahme der Elektrotechnik und Telekommunikation, für die das CENELEC bzw. ETSI zuständig sind.

CENELEC – Comité Européen de Normalisation Électrotechnique/ Europäisches Komitee für elektrotechnische Normung

Das Europäisches Komitee für elektrotechnische Normung ist neben CEN und ETSI eine der drei großen Normungsorganisationen für Europa. Zusammen bilden die drei das europäische System für technische Normen. CENELEC ist zuständig für die europäische Normung im Bereich Elektrotechnik (ENEC-Kennzeichnung).

ETSI – European Telecommunications Standards Institute/ Europäisches Institut für Telekommunikationsnormen

Das Europäische Institut für Telekommunikationsnormen ist als Europäische Organisation für Normung von der EU anerkannt und schafft weltweit anwendbare Standards für die Informations- und Kommunikationstechnologie.

DIN – Deutsches Institut für Normung e. V.

Das Deutsche Institut für Normung e.V. wurde 1917 gegründet und ist die unabhängige Plattform für Normung und Standardisierung in Deutschland und weltweit. Der Normungsprozess, den DIN als privatwirtschaftlich organisierter Projektmanager lenkt, bindet das Fachwissen von mehreren zehntausend Expert/innen aus den Bereichen Wirtschaft und Forschung, seitens Fiskus, aber auch von Verbraucherseite ein. Im Resultat entwickeln sich Normen, die als marktgerecht angesehen werden können, sowie Standards, die sowohl der Förderung des weltweiten Handels als auch der Rationalisierung der Qualitätssicherung, dem Schutz von Gesellschaft und Umwelt sowie der Sicherheit und Verständigung dienlich sind [10].

DKE – Deutsche Kommission Elektrotechnik Elektronik Informationstechnik im DIN und VDE

Die DKE ist ein gemeinsames Organ von VDE (Verband der Elektrotechnik Elektronik Informationstechnik e.V.) und DIN (Deutsches Institut für Normung e.V.) und wurde 1970 als Zusammenschluss des VDE-V und des Fachnormenausschusses Elektrotechnik (FNE) gegründet. Sie ist gleichzeitig deutsches Mitglied in der IEC und CENELEC. Die DKE erarbeitet anerkannte Regeln der Technik (Normen mit Sicherheitsfestlegungen erhalten eine VDE-Klassifikation) und wirkt bei der Veröffentlichung europäischer und internationaler Normen und Spezifikationen mit.

Das Systemkomitee AAL (DKE/K 801)

Innerhalb der DKE spielt das Systemkomitee AAL (DKE/K 801) eine zentrale Rolle und verfolgt vielfältige Ziele. Darüber hinaus nimmt es eine Spiegelfunktion zum IEC SYC AAL als Nachfolgegremium der IEC SEG AAL ein. Aber auch die Koordination der AAL-Arbeitskreise und Unterkomitees sowie die strategische und übergeordnete Führung dieser Arbeitskreise gehören zu den Zielaufgaben des Komitees. Zusätzlich führt DKE/K 801 die Arbeit von DKE/STD 1811 (Lenkungskreis AAL) sowie von DKE/UK 713.1 als vorläufiges Spiegelgremium von CEN TC 431 (Dienstleistungsketten für Gefahrenmeldungen im sozialen Betreuungswesen) fort.

Das Gremium beschäftigt sich unter anderem mit folgenden Themen:

- Verknüpfung von AAL bezogenen Normungsaktivitäten in unterschiedlichen Technologiefeldern und Berücksichtigung des ausgeprägten Systemcharakters von AAL-Technologien,
- Barrierefreiheit von AAL-Produkten und -Systemen,

- Zugänglichkeit zu AAL-Systemen,
- User Interfaces, Usability,
- herstellerübergreifende Interoperabilität von AAL-Systemen, -Produkten und -Komponenten,
- Schnittstellen zu Smart Home, E-Health und E-Mobility,
- Use Cases und Use Case-Architecture, Integrationsprofile,
- Datenschutz und Sicherheit im Umfeld von AAL,
- Definition von Nutzeranforderungen,
- Formulierung von Qualitätskriterien

Zu den Unterkomitees zählen (Stand Dezember 2022):

- DKE/UK 801.1 Assistenzrufleistungen
- DKE/UK 801.2 Kooperative Mehrfachsysteme in Wohnhäusern, Wohnungen und Räumen mit wohnungsähnlicher Nutzung

Zu den Arbeitskreisen gehören (Stand Dezember 2022):

- DKE/AK 801.0.8: Spezifikation und Entwurf autonomer/kognitiver Systeme
- DKE/AK 801.0.6: Normungs-Roadmap
- DKE/AK 801.0.10: Ad-hoc Grundlagen Zertifizierung AAL-Lösungen

2.2.4 Zertifizierung

Vor einigen Jahren entwickelte sich innerhalb VDE/DKE eine Initiative, die sich mit der Zertifizierung für die Hersteller von Produkten und Erbringer von Dienstleistungen im Bereich AAL befasst. Diese Initiative erhebt den Anspruch, Qualität in diesem Sektor sicherzustellen. Da Deutschland im Gegensatz zu vielen anderen Ländern eine besondere Art der Berufsausbildung bietet, die sich nach staatlichen Ausbildungsrichtlinien orientiert, werden vermehrt Stimmen laut, die die Ansicht vertreten, dass Zertifizierungen obsolet sind.

Obgleich wiederkehrend Weiterentwicklungsbedarfe bestehen (denen beispielsweise erst kürzlich mit dem neu entstandenen Ausbildungsberuf „Elektroniker/-in für Gebäudesystemintegration (Gebäudesystemintegrator)" Rechnung getragen wurde), setzt sich der Zentralverband der Elektro- und Informationstechnischen Handwerke (ZVEH) in Frankfurt am Main gegen die Einführung weiterer Zertifizierungen und für die Abschaffung bestehender ein. Hintergrund ist einerseits, Bürokratismus und Belastungen für die ausführenden Betriebe zurückzufahren, andererseits sorgt die Einführung neuer Zertifizierungen für Verzögerungen bzw. Hinderungen bei der Entwicklung neuer Technologien.

Insbesondere für Start-ups im Technologiebereich wird eine zunehmende Zertifizierungspflicht zur signifikanten Belastung. Besteht die Notwendigkeit, Konzepte zunächst mit viel Aufwand zertifizieren zu müssen, um neue Produkte und Dienstleistungen entwickeln zu können, sehen sich viele mit einem sowohl organisatorischen als auch finanziellen Hindernis konfrontiert, das es zu bewältigen gilt. Dieser allgegenwärtig spürbare Druck hemmt ein innovatives Denken. Die Konsequenz wäre eine Wettbewerbseinschränkung auf etablierte Unternehmen und der Verlust nachhaltiger Innovationen.

Bei Redaktionsschluss dieses Buches hatte der ZVEH, vertreten durch den Autor dieses Buches, erreicht, dass eine Zertifizierungspflicht zumindest für Installateure und Dienstleister nicht eingeführt wird.

AAL bezogene Normen und Anwendungsregeln

Tabelle 2.1 beinhaltet eine Auflistung der wichtigsten bestehenden Normen und Anwendungsregeln. Diese kann beliebig fortgeführt werden und bietet daher lediglich einen groben Überblick. Ergänzend existieren auf internationaler Ebene zahlreiche in Arbeit befindliche Projekte, zu finden unter: https://www.iec.ch/ords/f?p=103:214:701608865027754::::FSP_ORG_ID,FSP_LANG_ID:11827,25.

nationale Bezeichnung	internationale Bezeichnung	Titel
VDE-AR-E 2757-2:2011-08		Service Wohnen zu Hause – Anforderungen an Anbieter kombinierter Dienstleistungen
VDE-AR-E 2757-3:2012-01		Service Wohnen zu Hause – Kriterien für die Auswahl und Installation von AAL-Komponenten
VDE-AR-E 2757-4:2012-01		Service Wohnen zu Hause – Qualitätskriterien für Anbieter, Dienstleistungen und Produkte für technikunterstütztes Leben (AAL)
VDE-AR-E 2757-5:2015-02		Technikunterstütztes Leben – Ambient Assisted Living (AAL) – Anforderungen an die Qualifizierung der im AAL-Bereich Tätigen
VDE-AR-E 2757-6-1:2014-09		Technikunterstütztes Leben – Ambient Assisted Living (AAL) – Repräsentation von Integrationsprofilen – Systemplanungssicht
VDE-AR-E 2757-6-2:2015-02		Technikunterstütztes Leben – Ambient Assisted Living (AAL) – Konzeptionalisierung von Integrationsprofilen
VDE-AR-E 2757-7:2016-01		Technikunterstütztes Leben – Ambient Assisted Living (AAL) – Klassifikationsschema zu alltagsunterstützenden Assistenzlösungen
VDE-AR-E 2757-8:2014-12		Technikunterstütztes Leben – Ambient Assisted Living (AAL) – Prozessunterstützung zur technischen Realisierung von Assistenzsystemen (umgebungsunterstützende Technik) in Wohnungen und Wohngebäuden
VDE-AR-E 2757-9:2016-10		Technikunterstütztes Leben – Ambient Assisted Living (AAL) – Mobilität im AAL-Umfeld
VDE-AR-E 2757-10:2015-04		Technikunterstütztes Leben – Ambient Assisted Living (AAL) – Anforderungen für mobile Endgeräte, die für den Einsatz im AAL-Bereich vorgesehen sind
VDE-AR-E 2757-100:2014-01		Technikunterstütztes Leben – Ambient Assisted Living (AAL) – Leitlinie für die Entwicklung von AAL-Produkten
VDE-AR-E 2842-61-1		Entwicklung und Vertrauenswürdigkeit von autonom/kognitiven Systemen – Teil 1: Terminologie und Grundkonzepte
E DIN IEC 63168-1 VDE 0750-34-1:2022-03		Kooperative Mehrfachsysteme in vernetzten Wohnumfeldern – AAL-Anforderungen an funktionale Sicherheit von elektronischen sicherheitsbezogenen Systemen
E DIN IEC 63168-2 VDE 0750-34-2:2022-03		Kooperative Mehrfachsysteme in vernetzten Wohnumfeldern – AAL-Anforderungen an funktionale Sicherheit von elektronischen sicherheitsbezogenen Systemen
E DIN IEC 63168-4 VDE 0750-34-4:2022-03		Kooperative Mehrfachsysteme in vernetzten Wohnumfeldern – AAL-Anforderungen an funktionale Sicherheit von elektronischen sicherheitsbezogenen Systemen
E DIN IEC 63168-4 VDE 0750-34-4:2022-03		Kooperative Mehrfachsysteme in vernetzten Wohnumfeldern – AAL-Anforderungen an funktionale Sicherheit von elektronischen sicherheitsbezogenen Systemen

Tabelle 1.2 AAL bezogene Normen und Anwendungsregeln (Teil 1/2)

nationale Bezeichnung	internationale Bezeichnung	Titel
	IEC SRD 63234-1 ED1:2020	Economic evaluation of active assisted living services — Part 1: Framework
	IEC TS 63234-2 ED1:2020	Economic evaluation of active assisted living services – Part 2: Example of use – Monitoring patients with chronic diseases
	IEC TS 63134:2020	Active Assisted Living (AAL) use cases
DIN IEC 63240-1 VDE 0754-5-1:2021-12	IEC 63240-1 ED1	Active Assisted Living (AAL) Referenzarchitektur und Architekturmodell
DIN IEC 63240-2 VDE 0754-5-1:2021-12	IEC 63240-2 ED1	Active Assisted Living (AAL) Referenzarchitektur und Architekturmodell
E DIN IEC 63310 VDE 0750-34-5:2022-12	IEC 63310 ED 1	Funktionale Leistungskriterien für Roboter mit dem Einsatz in einem vernetzten AAL-Wohnumfeld
DIN CEN/TS 17470 VDE V 0834-3:2020-09	CEN/TS 17470	Servicemodell für Alarmsysteme in der sozialen Versorgung

Tabelle 1.2 AAL bezogene Normen und Anwendungsregeln (Teil 2/2)

3 Akteure und Zielgruppen

Active Assisted Living ist längst kein Nischenthema mehr, sondern ein hochaktuelles Gebiet, zu dem auf nationaler, europäischer und internationaler Ebene diskutiert und geforscht wird. Die Vielzahl an beteiligten Parteien aus Medizin, Technologie, Soziologie und Wirtschaft erfordert ein hohes Maß an Anpassungsfähigkeit und Interoperabilität, da naturgemäß verschiedenartige Bedürfnisse, Perspektiven und Verantwortlichkeiten aufeinandertreffen.

Des Weiteren handelt es sich um eine sehr breite Zielgruppe, die in unterschiedlicher Dimension von AAL-Systemen profitiert oder mit diesen in Berührung kommt.

Personengruppe innerhalb der Zielgruppe, die unmittelbar von AAL-Systemen profitiert

Diese Zielgruppe lässt sich in zwei Kategorien unterteilen: Personen mit allgemeinen Wünschen und Bedürfnissen und Personen mit Unterstützungsbedarf. Zur ersten Kategorie gehören Menschen mit einem generellen Interesse an Komfort und Sicherheit, Wellness, Sport und Prävention.

Zur weiteren Kategorie zählen beispielsweise:

- Senioren – sowohl im eigenen Zuhause als auch in betreuten Einrichtungen und Pflegeheimen,
- Demenzerkrankte,
- Menschen mit Mobilitätseinschränkungen (z. B. Rollstuhlfahrer),
- chronisch Kranke,
- akut erkrankte Menschen,
- Menschen mit erhöhtem Risiko,
- Menschen mit besonderer (Mehrfach-)Belastung,
- Menschen mit Behinderung (z. B. Seh- und Hörbehinderung).

Personengruppe innerhalb der Zielgruppe, die mittelbar von AAL-Systemen profitiert

Abgesehen von den direkten AAL-Nutzern profitiert eine weitere Personengruppe mittelbar von den Systemen. Diese umfasst beispielsweise Personen, die sich um Menschen mit Unterstützungs- oder Pflegebedarf kümmern, darunter Familienmitglieder, Freunde, Bekannte oder Nachbarn.

Offenkundig zählen hierzu auch Ärzte, Krankenhäuser, ambulante Pflegedienste, stationäre Pflegeeinrichtungen sowie Arbeitgeber von alternden Arbeitnehmern oder solche, die Menschen in ihrem näheren Umfeld privat unterstützen oder pflegen.

Sonstige Profitierende
In diese Kategorie fallen folgende Personengruppen:
- Sozialversicherungen wie Kranken- und Pflegeversicherung,
- andere Versicherungen,
- Wohnungswirtschaft,
- Handel,
- Tourismus,
- Gerätehersteller,
- Handwerk bzw. AAL-Installateure,
- Dienstleister,
- AAL-Integratoren,
- Kapitalgeber,
- Kommunen, Städte und Gemeinden.

Sonstige Segmente innerhalb der Zielgruppe
Zu dieser Kategorie gehören:
- Politik,
- Seniorenverbände,
- Ausbildungsstätten für Kranken- und Altenpflege,
- Verbraucherverbände,
- Selbsthilfegruppen,
- sonstige Interessenvertretungen.

Einige zentrale Personengruppen sollen im Folgenden eingehender beleuchtet werden.

3.1 Anwender

AAL-Systeme stehen in erster Linie in den Diensten des Menschen, mit dem Ziel, das tägliche Leben einfacher, komfortabler und sicherer zu gestalten.

AAL-Systeme sollen sich dabei in das vorhandene Lebensumfeld einfügen, um die Bedürfnisse der Nutzer bestmöglich zu erfüllen und sie in ihrer

Selbständigkeit zu unterstützen. Dank der vernetzen Assistenzsysteme bieten sich neue Chancen für Teilhabe, Selbstbestimmung und eine Steigerung der Lebensqualität.

AAL dient dem Zweck, Nutzern ein aktives und selbstbestimmtes Leben zu ermöglichen. Zentrale Absicht hierbei ist die Erhaltung oder Verbesserung der Lebensqualität mit Fokus auf Wohlbefinden, Gesundheit und Sozialkontakten. In der Folge spielt das Alter derer, die AAL-Geräte, -Systeme oder -Dienstleistungen nutzen bzw. davon profitieren, keine Rolle.

In der Deutschen Normungs-Roadmap AAL, herausgegeben vom VDE Verband der Elektrotechnik Elektronik Informationstechnik e. V. heißt es hierzu:

„Die Gruppe der Anwender solcher Technik ist heterogen. Sie umfasst sowohl die gesunden und aktiven Menschen, die hauptsächlich Lifestyle-Funktionen zur Steigerung der Lebensqualität verwenden, bis hin zu multimorbiden und behinderten Menschen, denen ein längeres selbstständiges Leben im häuslichen Umfeld ermöglicht werden soll. Aus diesem Grund assoziieren unterschiedliche Gruppen unterschiedliche Leistungen mit AAL." [6]

Folglich liegt das Hauptaugenmerk der AAL darauf, einer immer älter werdenden Bevölkerung und wachsenden Anzahl an Senioren technische Assistenzsysteme zur Verfügung zu stellen, die ihnen weiterhin eine aktive Teilnahme am Alltag ermöglichen bzw. erleichtern. Gleichzeitig verschmelzen technische und soziale Systeme zunehmend miteinander, weshalb Informations- und Kommunikationstechniken immer häufiger zum Einsatz gelangen.

Wie Anwender aktuell von Smart-Home- und AAL-Lösungen Gebrauch machen, zeigt unter anderem der Bitkom-Studienbericht „Das intelligente Zuhause: Smart Home 2022", der auf Basis einer repräsentativen Befragung entstanden ist. So nutzen 43 % der Befragten bereits Smart-Home-Anwendungen in ihrem Haushalt, wobei am häufigsten Lampen, Leuchten und Heizkörperthermostate im Bereich Energie, smarte Video-Überwachung und intelligente Alarmanlagen im Bereich Sicherheit sowie Staubsauger- und Rasenmäher-Roboter um den Bereich Haus und Garten zum Einsatz kommen. Die meistgenannten Gründe für die Nutzung solcher Anwendungen sind Sicherheit in Haus und Wohnung, mehr Komfort und Lebensqualität sowie Energieeffizienz. Zu den essenziellen Kaufkriterien zählen Benutzerfreundlichkeit, ein gutes Testergebnis sowie Datensicherheit und -schutz. Design, Nachhaltigkeit, die Kompatibilität zu anderen Anwendungen, Marke und ein europäisches Herkunftsland werden von den Befragten hingegen als weniger wichtig erachtet.

Auch mögliche Bedenken der Nutzer in Bezug auf AAL- und Smart-Home-Anwendungen werden in der Umfrage berücksichtigt. Spitzenreiter hierbei sind die Angst vor Hacker-Angriffen, dem Missbrauch persönlicher Daten sowie eine Bedrohung der Privatsphäre. Zusätzlich wird hohen Investitionskosten, einer komplizierten Bedienung oder einem aufwendigen Einbau ein hoher Stellenwert beigemessen. Es lässt sich jedoch festhalten, dass die Bedenken der Altersgruppe 65 plus in den letzten Jahren insgesamt rückläufig sind [11].

3.1.1 Immobilien- und Wohnungswirtschaft

An dieser Stelle folgt ein Gastbeitrag von *Dipl. Wirtsch.-Ing. Christoph Reiß.*

Den bereits genannten Ausführungen nach kann die Feststellung getroffen werden, dass AAL-Systeme nicht nur für ältere Menschen von Bedeutung sind, sondern Menschen (mit Einschränkungen) in jeder Lebenslage unterstützen können. Darüber hinaus tragen sie maßgeblich zum allgemeinen Wohn- und Lebenskomfort bei. Infolgedessen sind Immobilien, die von vorneherein mit AAL-Systemen ausgestattet sind oder im Rahmen einer Sanierung nachgerüstet werden, in Kombination mit einer durchdachten Raumgestaltung nicht zuletzt für Investoren interessant.

Wer AAL-Anwendungen wie Sturz- und Bewegungssensoren, Assistenz-Rufsysteme oder Sprachassistenten bei Neubau oder Wohnungssanierung berücksichtigt, erhöht die Attraktivität seiner Immobilie signifikant. Die Folge: Mehr Anreize für eine lange Wohndauer und eine Reduzierung des altersbedingten Mieterwechsels. Demografische, gesellschaftliche und technologische Trends treiben den Markt für AAL-Lösungen an:

- die deutsche Bevölkerung wird immer älter,

die Zahl der alleinlebenden Personen steigt,

- die Technik-Affinität von Personen auch über 65 Jahren nimmt zu,
- der Personalmangel in der Pflege wächst rapide,
- KI, Robotik und maschinelles Lernen halten Einzug im Pflege- und Betreuungsbereich.

So heißt es in der Studie „Smart-Home- und AAL-Technologien in der Immobilien- und Wohnungswirtschaft“ der Smart Home Initiative Deutschland e.V. in Zusammenarbeit mit der Unternehmensberatung mm1 Consulting und dem GdW Bundesverband deutscher Wohnungs- und Immobilienunternehmen e.V.:

„Der Immobilien- und Wohnungswirtschaft könnte eine zentrale Rolle bei der Erschließung und für die weitere Entwicklung des Smart-Home-Marktes in Deutschland zukommen. Keine andere Branche verfügt über einen so direkten Zugang und Einfluss auf die technische Ausstattung von Wohnungen und Häusern. Professionell gewerbliche Vermieter verwalten mit rund 8,3 Mio. Wohnungen heute gut 20 Prozent des Wohnungsmarktes mit seinen etwa 40 Mio. Bestandswohnungen." [12]

Des Weiteren kam die Studie unter anderem zu folgenden Ergebnissen:

- 50 % der befragten Unternehmen setzen mindestens eine Funktion der smarten Gebäudeautomatisierung ein.
- Wesentliche Kriterien für die Investitionsbereitschaft sind die einfache Bedienbarkeit und der geringe Wartungsaufwand der Smart-Home- und AAL-Technologien.
- Für 85 % der Befragten ist die Mieter- und Kundenbindung Hauptgrund für die Investition in Smart-Home- und AAL-Lösungen.
- 80 % der Umfrageteilnehmer bevorzugen die Zusammenarbeit mit externen Partnern wie Architekten und Planern sowie spezialisierten Beratungsunternehmen.
- Als größte Herausforderungen sehen die Befragten die Erarbeitung tragfähiger Geschäftsmodelle, die Technikakzeptanz der Mieter und die Auswahl geeigneter Partner und die Interoperabilität der digitalen Komponenten.

Weiter heißt es in der Studie:

„Der Markt für Smart-Home- und AAL-Lösungen ist für die Wohnungsunternehmen derzeit nur schwer zu überblicken. Die wenigsten Unternehmen möchten sich hierzu eigene Expertise aneignen. Somit entsteht mit der steigenden Nachfrage auch ein zunehmender Bedarf bei der Entwicklung von ganzheitlichen Lösungen und Konzepten sowie bei der Auswahl der richtigen Technologien. Neben der Lücke bei Installation und Wartung bietet sich hier für Unternehmen die Möglichkeit, den Bedarf im Bereich Beratung, aber auch Planung und Konzeption zu schließen." [12]

Engagierte und weitsichtige Investoren, Wohnungsunternehmen und Hausverwaltungen profitieren von einem solchen Wachstumsmarkt und erhalten die Chance, diesen in Zusammenarbeit mit den richtigen Partnern aktiv mitzugestalten und sich sogar an die Spitze der Entwicklung zu setzen.

Interessenlage der Wohnungsbaugesellschaften und Investoren

Wohnungsbauunternehmen, vor allem jedoch Investoren solcher bewegen sich in Feldern, in denen die bestmögliche Verzinsung des eingesetzten Kapitals zu erwarten ist. Die Realisierung von Pflege- und Betreuungseinrichtungen darf als der „große Renner“ angesehen werden. Dies gilt bereits seit einigen Jahren, die zukünftige Entwicklung wird diesen Effekt nur noch verstärken. Im Mittelpunkt stehen zwei Bestrebungen: der sofortige Verkauf oder die möglicherweise lukrativere Alternative der Vermietung mit nahezu jährlich angepassten Mieten. Von weiterhin signifikanten Mieterhöhungen in den kommenden Jahren ist laut Experten auszugehen. Die bundesweit uneinheitlichen Regelungen zur Mietpreisbremse, vor allem aber die Aufhebung dieser, siehe beispielweise Berliner Mietendeckel, der im Jahre 2021 vom Bundesgerichtshof gekippt wurde, befeuern diese Entwicklung.

Neben Einzel-, Doppel- und Reihenhäusern üben besonders Wohnquartiere eine hohe Anziehungskraft aus. Diese werden einer durchschnittlich solventen und verlässlichen Mieterschaft, bevorzugt allerdings einem einzelnen Betreiber angeboten. Zwar werden aufgrund des politisch ausgeübten Drucks auch subventionierte Wohnungen miteinbezogen, um jedoch die dadurch entstehenden Nachlässe zu kompensieren, bedarf es weithin entsprechend gehobene Domizile, wie die Penthouse-Wohnung mit Tiefgaragenplatz und separatem Aufzug.

Eine nach den Kriterien von AAL, Barrierefreiheit (eine teilweise Barrierefreiheit existiert nicht und darf als „Marketing-Gag“ angesehen werden) und Smart Home gerichtete Wohnungsausstattung führt bei Investoren zunächst zu einer Schmälerung des Gewinns. Relevant werden AAL-Ausstattungskomponenten in der Regel erst im Zuge einer Wettbewerbssituation oder unter Berücksichtigung der ESG-Vorgaben (Kriterien aus dem Bereich Umwelt (Environmental), Soziales (Social) und verantwortungsvolle Unternehmensführung (Governance)), die durch den Kapitalanteilseigner an den Hersteller bzw. Anbieter herangetragen oder durch den Betreiber selbst herangezogen werden.

Eine durchgreifende Änderung dieses Umstands bedarf politischer Vorgaben (siehe Skandinavien), einer Anpassung geläufiger Geschäftsmodelle oder der konsequenten Befolgung der oben genannten ESG-Nachhaltigkeits-Anforderungen. Das Bestreben, ein Quartier aufzuwerten oder Dienstleistungen (z. B. über eine Quartiers-App) vermarkten zu können, stellt eine in diesem Zusammenhang gangbare Option dar. Hierbei lassen sich durchaus Parallelen zu Anbietern wie Google und Amazon ziehen, die mit vordergründig kostenlosen und zugleich äußerst nützlichen Angeboten kontinuierlich bedeutsame Umsätze erzielen.

Technisch adäquate Lösungen

Bauherren und Investoren tun gut daran, potenziellen Endkunden und Betreibern den Nutzen einer (hochpreisigen) Investition aufzuzeigen, sofern sich dieser nicht bereits offensichtlich darlegt. Umso eher sind Abverkauf und Langzeit-Vermietung sichergestellt.

Bei einer digitalen Gebäudeleittechnik liegt der Nutzen unabhängig vom Oligopol der „Datenerheber" auf der Hand, wohingegen die Vorteile der digitalen AAL-Ausstattung nicht so schnell ersichtlich sind und erst bei näherer Auseinandersetzung für ein Hochgefühl sorgen. Zu den vielversprechenden Aspekten zählen eine sich regelmäßig einstellende Identifikation mit dem Quartier verbunden mit einem in der Regel längeren Verbleib in der Wohnung, wodurch eine allgemeine Zufriedenheit und in der Folge größere Akzeptanz von Mieterhöhungen entsteht. Auch die dadurch resultierende Bereitschaft sowohl zur Eigenbeteiligung an der Erweiterung der Ausstattung als auch zur pfleglichen Behandlung der Sensoren und Aktoren sind in diesem Zusammenhang zu nennen.

Aus Sicht der Wohnungsbaugenossenschaften (WBGs) müssen die technischen Komponenten:

- modular gestaltet sein mit einem aufeinander aufbauenden Schichtmodell
  - Sensoren und Aktoren mit updatebarer Software in der unteren Schicht,
  - darüber eine operative technische Ebene (Hubs, Multi-Protokoll-Konverter, Gateways),
  - zuoberst eine semantische Ebene mit Algorithmen vor Ort oder in der Cloud (großes Rechenzentrum) oder Edge (kleines Rechenzentrum),
- auf verfügbaren Standards und Normen aufbauen, um spezifische/typische Anforderungen der Betreiber erfüllen zu können,
- schnell lieferbar sein,
- unkompliziert durch andere Lieferanten ersetzbar sein,
- möglichst Markennamen aufweisen,
- einfach erweiterbar sein und Schnittstellen zu ergänzenden digitalisierungsbasierenden Langzeit-Angeboten eröffnen,
- möglichst schnelle Verkabelung im Neubau,

- möglichst schnelle und in Maßen weitreichende Funkverbindungen, z. B. bei geforderter Redundanz oder speziellen Anforderungen über das Mobilfunknetz (5G).

Die technischen Lösungen basieren auf Anforderungen, die sich aus den individuellen, typischen Anwendungen ergeben, die ihrerseits durch Endkunden und Betreiber festgelegt wurden. Diese sogenannten Use Cases werden in den IEC-Normen (also international) definiert und anschließend europaweit (Cenelec) und national (DKE) in Normen und Anwendungsregeln angepasst, interpretiert und schließlich als Stand der Technik festgelegt.

Die Konfigurationen im jeweiligen Gebäude werden durch die Systemintegratoren entsprechend festgelegt, die Systemkomponenten von Handwerkern installiert und kalibriert. Einweisungen der Endkunden und Betreiber sind von den Integratoren oder Handwerkern durchzuführen und zu protokollieren.

Um an dieser Stelle zeitgerechte Lösungen anbieten zu können, die die individuelle Gesundheitsbetreuung kontinuierlich besser unterstützen, bedarf es einer fortlaufenden Weiterbildung der Beteiligten. Systemintegratoren sollten stets den Überblick über die indikationsbezogenen Lösungen bewahren. Installateure sind dazu angehalten, neben der kundengerechten Installation Optimierungen in Bezug auf Handhabung und Nutzen sicherzustellen. Dies ist über „Best Practices"-Schulungen realisierbar.

Die Rohinstallation von Lagerware stellt kein fertiges Produkt dar. Erst durch die Anpassung auf die individuelle Situation wird Zufriedenheit bei allen Beteiligten generiert und die Durchführung von Nachrüstaktionen ermöglicht.

An dieser Stelle kommt gegenwärtig der Einsatz von selbstlernenden Systemen (auf Basis Künstlicher Intelligenz, KI) zum Tragen. Diese nehmen im Laufe der ersten Betriebszeit die individuellen Prozesse der Endkunden auf und können auf der Grundlage der gesammelten Informationen mittels KI selbständig Entscheidungen treffen. Auf diese Weise können beispielsweise Unfälle (Stürze), Wetterveränderungen und fremde Personen erkannt und Alarme (Fehlalarme werden reduziert) ausgesendet oder Änderungen am Raumklima vorgenommen werden.

Das zunehmende Missverhältnis von Kosten zu tatsächlichem Nutzen hat zu einer Schwerpunktverlagerung geführt. Anstelle der bloßen Technik geraten die entsprechenden Use Cases verstärkt in den Fokus der Beurteilung. Die in der Regel beträchtlichen Systemkosten, die vorab vom Investor zu tragen sind, haben das Potenzial der Mehrfachnutzung von bestehenden

Komponenten aus dem Smart Home und Smart Metering in den Vordergrund gerückt. Dies gilt umso mehr, als die Anforderungen an die Integration in einer ganzheitlicher Betrachtung von Smart City immer offensichtlicher wurden.

Wirtschaftliche Vorteile

Aus der Auswahl an technischen Möglichkeiten der eingesetzten Komponenten sind schließlich die wirtschaftlichen Gesamtlösungen auszuwählen. Die sich daraus ergebenden Konstellationen sorgen optimalerweise für eine Beschleunigung von adäquaten technischen Entwicklungen, die in der Folge mit erhöhter Akzeptanz am Bau zum Einsatz kommen.

Die wirtschaftlichkeitsorientierten Schwerpunktanforderungen sind:

- **Wettbewerbsfähiges Preis-Leistungsverhältnis des Objektes**
  Befindet sich das Objekt in einem Gebiet, in dem auch alternative Angebote zur Disposition stehen, liefert die besondere Ausstattung überzeugende Argumente, um beispielsweise höhere Preise zu begründen. Gleichzeitig wird die Möglichkeit geschaffen, eine individuell angepasste und somit vorteilhafte Lebensumgebung zu gewährleisten.
- **Die insbesondere von den Betreibern forcierte Ausrichtung**
  Bestimmte Zielsetzungen der Betreiber lassen sich mithilfe einer anspruchsvolleren und besonders zielgruppenorientierten Ausstattung besser erreichen. Stiftungen, Genossenschaften und die kirchlichen Betreiber sind hier griffige Beispiele.
- **Die Erweiterbarkeit**
  Im Laufe der Zeit ergeben sich technische Entwicklungen, die den Ansprüchen und dem Nutzen der Mieter stärker entgegenkommen. Diese stammen oft von Entwicklern, die nicht in eine proprietäre Umgebung eingebunden sind und damit keinerlei Marketingunterstützung erfahren. Um diese Lösungen problemlos integrieren zu können, sind verfügbare Schnittstellen für die entsprechenden Erweiterungen in bestehende Umgebungen zu generieren.
- **Die Service-Fähigkeit**
  Im Sinne der Fehlerbehebung, Erweiterung und kontinuierlichen Sicherung gegen Angriffe von außen ist das Einspielen von Updates und Upgrades unbedingt erforderlich. AAL-Systeme sind daher mit entsprechenden Services und Schnittstellen auszustatten.
- **Die Ergänzungsfähigkeit für weiterführende und kontinuierlich umsatzbringende Geschäftsmöglichkeiten**

Zahlreiche Beispiele offenbaren, dass nicht die Hardware oder Software für den betreffenden Umsatz- und Gewinnerfolg verantwortlich ist, sondern die auf diesen basierenden Dienstleistungen. Diese sollten folglich über Plattformen verfügbar (buchbar) gestaltet werden.

- **Die kostengünstige, weil automatisierte Betriebsfähigkeit**
  Nach der Bedarfsanalyse, der Konfiguration, der Konfektionierung und der Installation steht die Betriebsorganisation an. Um eine hohe Verfügbarkeit und Akzeptanz zu erreichen, bedarf es einer kontinuierlichen Bewachung des Betriebes – in Selbstausführung oder durch andere. Diese Prozesskette sollte von vorneherein in die Entwicklung aufgenommen und kann auch remote vorgenommen werden.
- **Der Erwerb von möglichen Subventionen und Zuschüssen für alle Beteiligten**
  Zu Beginn sind aufgrund der niedrigen Stückzahlen noch relativ hohe Kosten für die Beschaffung und den Betrieb zu veranschlagen. Für Pilotprojekte, in der Folge auch für spätere Anwendungserweiterungen, werden daher aus politischen oder aus Gründen der Marktentwicklung Zuschüsse für die Beschaffung und den Betrieb gewährt. Diese sind jedoch nach festgelegten Kriterien zu beantragen, um Missbräuche auszuschließen. Im Gegenzug obliegt es den Wohnungsbaugesellschaften, aktiv nach derlei Zuwendungen zu suchen. Dies ist mindestens solange erforderlich, bis gewährte Zuwendungen durch die beteiligten Institutionen in Listen und Simulationstools verfügbar gemacht wurden.

Politische Vorteile

Die Kommunen, das Land, der Bund (Verwertung von ausgedienten Anlagen), Bürgerschaften, Großindustrien mit Dienstwohnungen, Verbände, die Kirchen und Genossenschaften – sie alle stellen Anforderungen, die von den Erstellern und Investoren zu berücksichtigen sind, damit diese sie als Großabnehmer gewinnen können oder um – weitaus wichtiger – Baugrund oder Altbauten überhaupt erst zugesprochen zu bekommen.

In Skandinavien bestehen feste Vorgaben für Bauvorhaben in Bezug auf AAL. Aber auch hier führen die sogenannte Konzeptplanung sowie der Einfluss politischer Parteien, von Volksbegehren und Großinvestoren zu steigenden Anforderungen. Da insbesondere letztere das Thema „soziale bzw. gesellschaftliche Verantwortung im Sinne eines nachhaltigen Wirtschaftens" verstärkt zum Kern ihrer Marketing-Strategie machen, um ihr generelles Image zu verbessern, treten zusätzlich zu den bereits bestehenden Anforderungen solche auf den Plan, die sich aus der Corporate Social Responsibility (CSR) sowie unter Berücksichtigung von Kriterien aus den Bereichen Umwelt (Environmental), Soziales (Social) und verantwortungsvolle Unternehmensführung (Governance), kurz ESG-Kriterien, ergeben.

Umgekehrt wandelt sich die grundlegende Haltung der oben genannten Meinungsführer, von digitalen AAL-Systemen würden lediglich Reiche profitieren. Das Verständnis dafür wächst, dass der Einsatz digitaler AAL-Systeme eine wichtige Voraussetzung für die Integration von Bedürftigen und für die Unterstützung der Beschäftigung auch von niedrigqualifizierten Personen darstellt. Mit einem positiven Image und der Inanspruchnahme einer zukunftsweisenden und idealerweise öffentlich geförderten Technik lässt sich die Gunst von kapitalgebenden Investoren gewinnen. Eine adäquate Ausstattung mit AAL wirkt also generationsübergreifend, integrierend, Zufriedenheit stiftend und somit langfristig wirtschaftlich. Das sind die Key-Facts für Pensionsfonds, nationale und internationale Investoren, Stadtentwickler, Oberbürgermeister und Ministerielle.

Vorgehensweise und Absicherung

Um den Zuspruch seitens der oben genannten Stake-Holdern zu erhalten, ist die Befolgung gewisser Spielregeln vonnöten.

Stadtplanung, Betreiber, Förderer und Genossenschaften legen Wert darauf, dass anhand von Ausschreibungen eine transparente Umgebung geschaffen wird. Weiterhin gilt es, (wegen staatlicher Subventionen) mindestens die bestehenden Standards und Normen (DKE) zu berücksichtigen und zu prüfen. Die frühe Bürger-/Endkundenbeteiligung sollte „durchlitten" werden. Um eine höhere Akzeptanz der Thematik zu erzielen, sind Modell- und Pilotinstallationen erforderlich. Auch ein Engagement in einschlägigen Foren, die Ausführung von Pressearbeit und die Beteiligung der Wissenschaft, gegebenenfalls auch der Forschung, stellen unerlässliche Stellschrauben hierfür dar.

Finanzierung

Für eine attraktive Gestaltung der Finanzierung von AAL-Lösungen lassen sich drei Perspektiven ausmachen. Um bereits in einer frühen Phase Investitionen zu erzielen, bedarf es sowohl für die Betreiber als auch die Bewohner einer soliden Kosten-Nutzen-Relation.

Öffentliche Mittel, die als Zuschüsse, Kredite oder Beteiligungen zu beantragen sind und ausgereicht werden, stellen einen Ansatz dar.

Diese Anträge sind frühzeitig in Angriff zu nehmen, zunächst durch die Wohnungsbaugesellschaft, im Anschluss auch durch Betreiber und Endkunden.

Der zweite Ansatz ist die Initiierung von Vorinvestitionen durch Stake-Holder, die ihre Dienstleistungen mithilfe von technischer Ausstattung zur Verfügung stellen. Bestes Beispiel dafür sind die Mobilfunkanbieter mit ihren subventionierten Mobiltelefonen.

Die Beschaffung und anschließende langfristige Vermietung der Systeme und Dienstleistungen ist als dritter Ansatz anzusehen. Hierbei tritt erneut zunächst die Wohnungsbaugesellschaft (WBG) in Vorleistung und erhebt direkt oder über die beteiligten Betreiber eine monatliche Gebühr. Diese Konstellation erweist sich als einfacher und flexibler für den Endnutzer und zugleich als vorteilhafter für die Entwicklung der Geschäftsmodelle.

Um die Belastungen für alle Beteiligten zu reduzieren, sind unbedingt die Fördertöpfe zu akquirieren, die national wie international bislang nicht ausgeschöpft wurden. Stichworte hierbei sind: Beiträge zur Energieeinsparung, lokale Land- und städtische Entwicklungsfonds, Stiftungen für gesundheitliche Indikationen, Mittelstandsförderung, Digitalisierung, Integration von Bedürftigen.

Aktuelle Anforderungen an die Protagonisten der Integration von AAL-Lösungen zum Vorteil der Endkunden

Die Erfahrungen der letzten zehn Jahre haben gezeigt, dass die Initialzündung vor allem von den institutionellen Investoren ausgehen muss. Diese sind allerdings mittels politischer Maßnahmen (Gesetze und Verfügungen von Bund, Ländern und vor allem Kommunen) und durch Kleininvestoren auf der Grundlage einer eingehenden Kosten-Nutzenrelation dazu zu motivieren, sich in die Investitions-Vorleistung zu begeben. Das entsprechende (erforderlichenfalls erzwungene) Risiko sollte zeitweise und in einem angepassten Rahmen durch die Politik abgemildert werden. Dies bedeutet in der Folge auch, dass sich alle Beteiligten bereits im Vorfeld um entsprechende Antragsstellungen und Fördertöpfe bemühen sollten.

Auch dieses Buch möchte seinen Beitrag dazu leisten und Verbände, Politik und Kassen auf die sowohl nationalen als auch auf die darüber hinausgehenden IEC (international) und Cenelec (Europa)-Normen und Anwendungsregeln hinweisen. Die mit diesen Normen assoziierte Kompatibilität und Sicherheit der Systeme sollten durch starke Marketing-Kampagnen in Umlauf gesetzt werden. Insbesondere auf nationaler Ebene bedarf es einer

Förderung durch die beteiligten Verbände, da vermehrt internationale Anbieter ähnlicher Lösungen auf den Markt treten, die nicht selten andersgeartete ethische und wirtschaftliche Interessen verfolgen. Werden derlei komplexe, auch KI-basierte gesundheitsbezogene AAL-Systeme im vermeintlichen „Do it yourself"-Verfahren zum Allgemeingut, besteht die Gefahr, dass der deutsche Markt – ähnlich wie bei der Solartechnik – ausnahmslos in die Hände internationaler Anbieter fällt und Deutschland früher oder später lediglich als Importland fungiert. In einem solchen Szenario gelängen die Systeme ohne die Expertise lokaler qualifizierter Handwerker und Prüfer zum Einsatz.

3.1.2 Pflege-/Betreuungseinrichtungen und Fachkräfte

Pflege- und Betreuungseinrichtungen in Deutschland nehmen unterschiedliche Positionen zum Thema Active Assisted Living (AAL) ein. Einige sehen darin eine Chance, die Lebensqualität ihrer Bewohner zu verbessern und die Betreuung und Pflege zu erleichtern, während andere Bedenken hinsichtlich der Kosten, der Sicherheit und des Datenschutzes haben.

Vereinzelte Pflege- und Betreuungseinrichtungen haben bereits begonnen, AAL-Systeme in ihren Einrichtungen zu implementieren, um beispielsweise die Sturzprävention zu verbessern oder die Medikamenteneinnahme zu überwachen. Sie erkennen darin das Potenzial, die Autonomie ihrer Bewohner zu erhöhen und ihnen ein selbstbestimmteres Leben zu ermöglichen. AAL-Systeme können auch dazu beitragen, Pflege- und Betreuungskräfte zu entlasten, indem sie beispielsweise in gefährlichen Situationen automatisch Warnungen ausgeben.

Bei anderen Pflege- und Betreuungseinrichtungen obsiegt die Skepsis.

Sie sehen sich mit hohen Kosten konfrontiert, beispielsweise für die Implementierung und Wartung, und befürchten Risiken, besonders im Hinblick auf die Privatsphäre und die Sicherheit ihrer Bewohner. Es besteht die Sorge vor einer möglichen Fehlerhaftigkeit der Technologie oder dem Missbrauch dieser, um die Bewohner zu überwachen oder zu kontrollieren.

Insgesamt lässt sich festhalten, dass zum Thema Active Assisted Living keine einheitliche Position der Pflege- und Betreuungseinrichtungen in Deutschland besteht. Die jeweilige Haltung hängt oftmals von individuellen Bedürfnissen, Erfahrungen und Ressourcen ab. Es bleibt zu hoffen, dass sich AAL in Zukunft weiterentwickelt und die Systeme in der Betreuung und in der Pflege eine bedeutende assistierende Rolle spielen werden.

Die Pflege-Fachverbände in Deutschland stehen Active Assisted Living (AAL) grundsätzlich positiv gegenüber und sehen darin eine Möglichkeit, die Selbstständigkeit und Lebensqualität aller Menschen zu erhöhen. Sie betonen jedoch auch, dass die Technologie nicht als Ersatz für menschliche Pflege und Betreuung dienen darf, sondern als ergänzende Unterstützung.

Ein Beispiel ist der Deutsche Berufsverband für Pflegeberufe (DBfK), der sich in seinen Positionspapieren für eine bedarfsgerechte und qualitätsgesicherte Anwendung von AAL-Technologien ausspricht. Er stellt jedoch klar, dass die Technologie nicht dazu führen darf, dass die persönliche Zuwendung und Pflege durch professionelle Pflegekräfte vernachlässigt wird [13].

Auch der Bundesverband privater Anbieter sozialer Dienste (bpa) sieht in AAL eine Chance, die Lebensqualität vor allem älterer Menschen zu erhöhen, und setzt sich für eine verstärkte Integration der Technologie in die Pflegepraxis ein. Dabei stellt auch der bpa klar, dass die Technologie ergänzend zur menschlichen Betreuung eingesetzt werden sollte [14].

Zusammenfassend lässt sich sagen, dass sowohl die Pflege-Fachverbände als auch die Dienstleister in der Betreuung in Deutschland die Chancen und Potenziale von AAL grundsätzlich anerkennen, gleichzeitig jedoch Wert darauflegen, die Technologie möge sinnvoll und bedarfsgerecht eingesetzt werden und nicht als Ersatz für menschliche Zuwendung und Pflege dienen.

3.1.3 Industrie

Die Industrie in Deutschland sieht AAL als einen wichtigen Wachstumsmarkt an und investiert zunehmend in die Entwicklung von Technologien und Lösungen für ältere Menschen und Menschen mit Behinderungen. Zahlreiche große Unternehmen der Informations- und Kommunikationstechnologie (IKT) sowie der Elektro- und Automobilindustrie haben AAL als strategisches Geschäftsfeld identifiziert und arbeiten an der Entwicklung neuer Produkte und Dienstleistungen. Dabei geht es vor allem um die Vernetzung und Automatisierung von Alltagsgegenständen sowie um die Nutzung von Sensor- und Kommunikationstechnologien, um ältere Menschen in ihrem Alltag zu unterstützen und zu entlasten. Die Industrie sieht in AAL damit nicht nur eine Möglichkeit, neue Produkte und Geschäftsmodelle zu entwickeln, sondern auch einen Beitrag zur Bewältigung der demografischen Herausforderungen in Deutschland und Europa.

3.1.4 Handwerk

Da das Handwerk in Deutschland ein breites Spektrum an Berufen und Branchen umfasst, lässt sich keine einheitliche Position zu AAL ausmachen. Handwerker und Handwerksbetriebe sind jedoch in der Regel maßgeblich an der Umsetzung von AAL-Systemen und Assistenztechnologien beteiligt, insbesondere im Bereich der Gebäudeautomation und -installation. Viele Handwerkskammern und -verbände fördern daher die Aus- und Weiterbildung von Handwerkern im Bereich der AAL und unterstützen die Entwicklung entsprechender Technologien. Einige Handwerksbetriebe bieten auch bereits spezialisierte Dienstleistungen im Bereich der AAL an, z. B. die Installation und Wartung von Smart-Home-Systemen oder die Anpassung von Wohnungen an die Bedürfnisse älterer Menschen oder Menschen mit Behinderungen.

AAL kennt ein großes Spektrum an Produkten und Dienstleistungen und folglich an Möglichkeiten für die Betroffenengruppe. Ein wesentlicher Teil dieser Angebote ist der Elektroinstallation in Gebäuden zugeordnet. Diese erbringen in Deutschland gemäß Handwerks- und Ausbildungsordnung die Elektroinstallationsbetriebe. Im Bereich AAL kommt deshalb dem Zentralverband der Elektro- und Informationstechnischen Handwerke (ZVEH) in Frankfurt am Main eine besondere Bedeutung zu. Der ZVEH ist die Interessenvertretung der 50.000 Elektroinstallationsbetriebe in Deutschland und damit verantwortlich für den wesentlichen Teil der Produkte und Dienstleistungen im AAL-Umfeld. Er engagiert sich in diesem Zusammenhang sehr nachhaltig im Normenwesen.

3.2 Forschung und Förderung

AAL wird auf nationaler, europäischer und internationaler Ebene gefördert. Beispielhaft sollen einige Förderprogramme (Active Assisted Living-Programme) und Forschungsprojekte im Folgenden näher vorgestellt werden.

3.2.1 Förderprogramm *Ageing Well in the Digital World*

Das Förderprogramm *„Ageing Well in the Digital World“* (dt. *„gut altern in der digitalen Welt“*) hat es sich auf die Fahne geschrieben, die Lebensqualität für eine alternde Bevölkerung, insbesondere in Europa, zu verbessern und technologische Entwicklungen und Innovationen in diesem Bereich voranzutreiben. Seit 2008 wurden bisher, kofinanziert durch die Europäische Kommission, über 300 Projekte gefördert, die marktreife Produkte und Dienstleistungen für ältere Menschen entwickeln. Dabei werden kleine und mittlere Unternehmen, Forschungsinstitute, Endverbraucher sowie Organisationen eng miteinander vernetzt. Im Förderprogramm heißt es hierzu:

„Unsere Projekte befassen sich mit einer Reihe von Themen wie dem Umgang mit chronischen Erkrankungen, der sozialen Eingliederung, dem Zugang zu Online-Diensten, der Mobilität, der Bewältigung täglicher Aktivitäten und der Unterstützung pflegender Angehöriger.“ [15]

Durch das Programm soll die Entwicklung innovativer kommunikations- und informationstechnologisch gestützter Produkte, Dienstleistungen und Systeme vorangetrieben werden, ob für den Alterungsprozess im eigenen Zuhause, in der Gemeinschaft oder am Arbeitsplatz. Des Weiteren wird eine kritische Masse für Forschung, Entwicklung und Innovation auf EU-Ebene in diesem Bereich geschaffen, was wiederum die Beteiligung für kleine und mittelständische Unternehmen attraktiver machen soll. Durch die Schaffung eines europäischen Rahmens sollen die Entwicklung standardisierter Lösungen unterstützt und bessere Marktbedingungen für die industrielle Nutzung solcher Produkte erreicht werden. Dieser Rahmen soll die Zusammenarbeit auf lokaler, regionaler und nationaler Ebene erleichtern und dabei gesellschaftliche Präferenzen und rechtliche Anforderungen vereinen.

Jedes Jahr startet ein neuer Aufruf für die Einreichung solcher Projekte mit wechselndem Fokus auf die aktuellen Herausforderungen einer alternden Gesellschaft, beispielsweise die Förderung der Teilnahme an einem aktiven Sozialleben oder spezielle Unterstützung für Menschen mit Demenz.

Im Jahr 2021 lag der Fokus auf den folgenden drei Bereichen:

1. inklusiver Ansatz in Gesundheit und Pflege (Gesundheitsprävention, Erhaltung der körperlichen und geistigen Gesundheit, soziale Teilhabe),
2. Innovationen im Bereich aktives und gesundes Altern durch Ökosysteme für Gesundheit und Pflege,
3. Zugänglichkeit digitaler Lösungen für Endnutzer, zum Beispiel durch Weiterbildung im Bereich E-Learning.

Die im Jahr 2021 eingereichten Projekte, 94 an der Zahl, von denen 22 für eine Förderung ausgewählt wurden, deckten ein enormes Spektrum ab, wie zum Beispiel:

- Virtual Reality in Pflegeheimen,
- intelligente Wearables zur Linderung oder Vorbeugung von Schmerzen im unteren Rückenbereich,
- eine auf künstlicher Intelligenz basierende Plattform zur Vorbeugung von Herzversagen.

Andere Projekte bezogen sich explizit auf die Covid-19-Pandemie, darunter eine nächtliche berührungslose Fernüberwachung der Vitalparameter oder die Weiterentwicklung von Desinfektionssystemen durch intelligente Sensoren und Robotertechnik.

Allein die Anzahl an Projekt-Einsendungen aus 2021 zeigt eindrücklich, welch vielseitiges und wachsendes Umfeld AAL bietet und wie viel Potenzial in der Entwicklung innovativer Produkte, Systeme und Services steckt [16].

3.2.2 Forschungsprojekt INKA

Das Forschungsprojekt INKA der Kaiser-Amm TGA-Planung 4.0 und des IDC-Forschungsinstitutes der Wilhelm Löhe Hochschule in Fürth bei Nürnberg steht für die Entwicklung eines integrierten, digitalen Konzeptes zur Anbindung von AAL-Komponenten bei der Versorgung von querschnittsgelähmten Patienten. Anders ausgedrückt: Gegenstand ist die Erstellung einer Softwarelösung, die querschnittsgelähmten Patienten ein selbstbestimmtes Leben und Autonomie ermöglicht, indem sie ihnen erlaubt, unterschiedliche haustechnische Systeme an ihr gewohntes Steuerungssystem anzupassen und selbständig zu bedienen. Gefördert wird das Projekt durch das Bayerische Staatsministerium für Wirtschaft, Landesentwicklung und Energie sowie Bayern Innovativ.

Nach der im Jahr 2020 erschienenen „Statistik der schwerbehinderten Menschen“ des Statistischen Bundesamtes leben in Deutschland 16.385 Menschen mit einer Querschnittslähmung. Insbesondere für diese, aber auch für Menschen, die weniger eingeschränkt sind, bieten AAL-Verfahren Chancen, in der häuslichen Umgebung zu verbleiben und sorgen für Erleichterungen in der Alltagsbewältigung. Durch die AAL-Technologien, die in diesem Zusammenhang einen wesentlichen Baustein darstellen, kann somit dem vielfachen Wunsch der Betroffenen und des Gesetzgebers nach einem vorrangigen Leben zu Hause Rechnung getragen werden.

Der Erfolg eines innovativen Produktes auf dem Markt hängt regelmäßig nicht allein von dessen technischer Innovation ab, sondern auch von organisationalen und personellen Aspekten sowie der Komplexität sozialer und wissensintensiver Interaktionssituationen in der Pflege. So können beispielsweise Hindernisse bei der Einführung und Implementierung neuer Technologien in bestehende Pflegeprozesse auftreten, die auf Widerstand seitens des Personals oder der Organisation stoßen. Zudem gestalten sich die Anforderungen an die Schulung und Schulungsbereitschaft der Mitarbeiterinnen und Mitarbeiter, um den effektiven Einsatz neuer Technologien zu gewährleisten, oft als hoch. Auch die bestehende interprofessionelle und interdisziplinäre Zusammenarbeit sowie die Einbindung von Patientinnen und Patienten in den Pflegeprozess können die erfolgreiche Umsetzung innovativer Technologien beeinflussen. Verlassen die Klienten dann die organisierte Umgebung von Kranken- und Pflegeeinrichtung, stellen sich noch weitere Fragen zur Anpassung der Assistenzsysteme in häuslichen, ambulanten Settings.

Das Projekt steht Pars Pro Toto für einen integrativen Perspektivwechsel auf personale, organisationale und institutionelle Aspekte der Technikimplementierung im Gesundheits- und Sozialmarkt, und damit insbesondere auf die Integration technischer Lösungen in Versorgungs- und Dienstleistungsprozessen. Nötig dafür sind die Überbrückung struktureller Innovationslücken, die gesundheitsökonomische Bewertung neuer Versorgungskonzepte, die aktive Entwicklung neuer Versorgungsformen mit Fokus auf Netzwerkstrategien, eine effiziente intersektorale Versorgung sowie eine ausgeprägte Akzeptanzforschung von Nutzern und Nachfragern bei Entwicklung, Testung und Anwendung. **Bild 3.1** zeigt das Szenarium der gesellschaftlichen Rahmenbedingungen, in welchem sich technische Lösungen und Anforderungen wechselseitig beeinflussen.

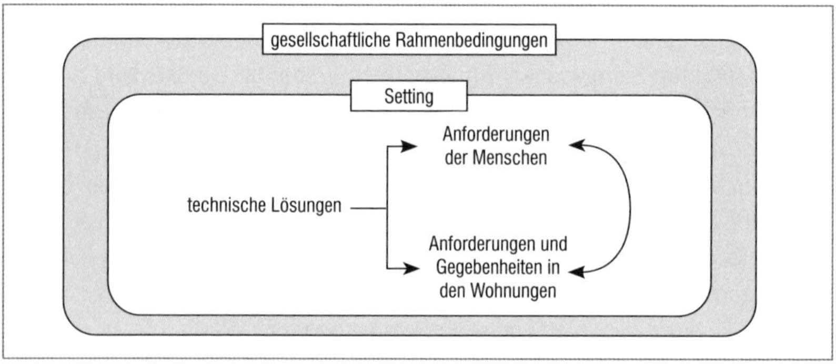

Bild 3.1 Einordnung des Projekts INKA innerhalb der gesellschaftlichen Rahmenbedingungen und des Forschungssettings

Die Ausgangsidee ist also ein zentrales Steuerungssystem als „Übersetzungssystem" für universelle Einsatzgebiete wie Beleuchtung, Rollos/Fenster, elektronische Türen/Tore, Heizung, Hausgeräte, Home Entertainment, Türkommunikation, IT- und Telekommunikations-Anlagen, Sicherheitsanlagen, Sanitäranlagen, auch um klientenbezogene Steuerungsgeräte wie Kinn-Joystick, Saug-Blas-Steuerung und Sprachsteuerung gezielt zu unterstützen.

Das große Ziel: Neben den baulichen Lösungen wird der zusätzliche Einsatz technischer „Hilfen" ein sehr großes Potential an Verbesserungen für den Nutzer bieten. Querschnittsgelähmten Patienten wird ein weitgehend selbstbestimmtes Leben in Würde ermöglicht. Sie können unterschiedlichste haustechnische Systeme wieder selbständig bedienen. Diese Möglichkeiten unterstützen jedoch nicht nur den Nutzer, sondern auch Familienmitglieder oder Pflegekräfte beim täglichen Umgang mit bedürftigen Personen.

Wie weitreichend AAL-Anwendungen eingesetzt werden können, zeigt sich bei einem Blick auf die sogenannten Grundbedürfnisse und Aktivitäten des täglichen Lebens, die für einen gesunden Menschen selbstverständlich funktionieren, zum Beispiel: Unterhaltungsgegenstände wie TV oder Radio bedienen, telefonieren und andere Kommunikationsmittel nutzen, sich im Bett umlagern, Körperpflege, Bewegung, Ruhen, Ausscheidung, Atmen, Regulierung der Körpertemperatur, Kochen, Essen, Trinken, An- und Ausziehen, Wohnen, Einkaufen, Wäschemachen, Sicherheit usw.

Für eine querschnittsgelähmte Person hingegen sind diese Vorgänge in Abhängigkeit der Läsionshöhe und der betroffenen Bereiche gar nicht oder nur stark eingeschränkt möglich. Zweifellos bedingt das individuelle Selbstständigkeitspotenzial den jeweils erforderlichen Grad an Unterstützung und Bedarf anderweitiger Hilfsmittel. Aus der Perspektive der AAL-Technologien kommen insbesondere Aspekte des Monitorings, der Steuerung (Energie) und Kommunikation zum Tragen. Entsprechend wurden Unterstützungsbedarfe für INKA abgeleitet und in Use Cases und AAL-Anwendungen überführt.

Daraus ergeben sich verschiedene Funktionsbereiche für entsprechende Use Cases und mögliche assistive Technologien, zum Beispiel:

1. Steuerung: Beleuchtung/Licht anschalten und dimmen, Heizung/Temperatur regulieren, Fenster und Türen öffnen und schließen, Jalousien/Rollladen rauf- und herunterfahren,
2. Ausscheidung: besondere Sanitärobjekte, wie z. B. höhenverstellbares WC,
3. Bewegung: selbstöffnende Türen,

4. Multimedia und Kommunikation: (Video-)Telefonie, Haus-/ Türsprechanlage, Türkamera,
5. Unterhaltung: Radio, Fernseher, Multimedia, Stimmungsszenarien,
6. Sicherheit: Sturzerkennung, Hausnotruf, Monitoring der Haustüre, Schließanlage,
7. Vitalfunktionen: Pulsmessung, Sauerstoffsättigung, Blutzuckermessung.

Um adäquate technische Produkte auswählen zu können, müssen verschiedene Kriterien erfüllt sein. Aus technischer Sicht wurde für dieses Projekt ein umfassendes Bewertungskategorienschema entwickelt, das die folgenden Punkte umfasst:

- Anschluss
- Kompatibilität
- Bussystem/Technologie
- Typ (offen/geschlossen)
- Funk(-Standard)
- Kabelgebunden/-ungebunden (Reichweite)
- Sensor/Sensortyp/Aktor
- Erscheinungsdatum
- Standard/Norm
- Patent
- Datenschutz (Spezifikationen)
- Hersteller/Anbieter
- Personalisierbarkeit
- Autonom/manuell
- Aktualisierbarkeit
- Bereich
- Link/Verfügbarkeit
- Preis
- Notwendigkeit einer App-Anbindung
- Stromversorgung (z. B. Batterie/Netz/Akku)
- Betriebsspannung
- Montageart
- Produktart
- Serie
- Notstromversorgung
- Display
- Maße
- Schutzart

- Energieeffizienzklasse
- Frequenz
- Erforderlichkeit einer Basisstation
- Datenübertragung
- Cloud-Anbindung
- Datenblatt
- Datenaustausch
- Besonderheiten

In der Folge lässt sich überprüfen, welche Produkte, Anbieter und Systeme bereits am Markt existieren. Nach einer intensiven Marktforschungsphase zur Ermittlung spezifischer Hilfebedarfe und der am Markt befindlichen AAL-Produkte für die Bereiche des täglichen Lebens erfolgt eine technische Bewertung im Testlabor sowie die Formulierung eines Atlas bzw. Registers möglicher technischer Assistenzen. Dieser/dieses vereint das Wissen einer breiten Basis von Beteiligten und soll dem immensen Interessenkreis aus Klinik- oder Pflegeheimbetreibern, Architekten, Investoren, Fördergebern usw. zur Verfügung gestellt werden.

Durch diese Aufwands- und Kostenreduzierung im Gebäude ergibt sich zweifelsohne ein enormes Einsparpotenzial im deutschen Gesundheitswesen:

- Im Dialog zwischen Bauherren, Architekt und Fachplaner kann ein „Handbuch", eine „Produktübersicht" oder dergleichen, das zur Umsetzung herangezogen wird, eine enorme Hilfe darstellen.
- Anhand einer entsprechenden Dokumentation können nicht nur Produkte vorgestellt, sondern auch Einsatzmöglichkeiten, Kosten und Anforderungen aufgezeigt werden. Der maximale Mehrwert wird jedoch erst durch die Kombination mehrerer Produkte erzielt.
- Mögliche Förderungen durch unterschiedliche Träger können die Auswahl erleichtern.
- Digitale Vernetzung und der Austausch von Informationen sollen isolierte Insellösungen zukünftig zu einem mächtigen und wirksamen Gesamtsystem zusammenfügen.
- Im Ergebnis kann durch den Verzicht auf Individualprogrammierungen, an deren Stelle ein „Baukastensystem" tritt, welches eine entsprechende Auswahl bietet, eine Standardisierung der Bauzeit (und damit Geld) und von unmittelbaren Baukosten erreicht werden.
- Da die Betroffenen viele Handgriffe und Handlungen dank AAL noch selbst erledigen können, sinken die Kosten. Dieser Umstand bringt auch eine Vereinfachung in der Pflege mit sich.

- In der Summe könnte die Anzahl der benötigten Kräfte in Kliniken und Heimen gesenkt werden. Bei einer Betreuung in den eigenen vier Wänden ließen sich die Stunden der einzelnen Mitarbeiter und vor allem Einsätze in den Nachtstunden reduzieren.

3.2.3 Forschungsprojekt ForeSight

Im Rahmen der Arbeit an diesem Buch fand ein Interview mit Michael Schidlack, dem Principal Researcher der Forschungsvereinigung Elektrotechnik beim ZVEI e.V. (FE), zum Forschungsprojekt ForeSight sowie zu AAL im Allgemeinen statt, welches nachfolgend wiedergegeben werden soll.

„ForeSight ist die Plattform für kontextsensitive, intelligente und vorausschauende Smart-Living-Services. Sie bringt Wohnungswirtschaft, Technologieanbieter, Verbände, Handwerk und Wissenschaft zusammen, um KI-Methoden für den wirtschaftlichen Betrieb im Wohnumfeld zu entwickeln und zu erproben. Die Plattform besteht aus drei Elementen: dem ForeSight Dataspace, der ForeSight Toolbox und der ForeSight Community. Diese sind das Fundament eines breit aufgestellten, nachhaltigen und anwenderorientierten Smart-Living-Ökosystems mit künstlicher Intelligenz.

ForeSight stellt Interoperabilität zwischen bereits bestehenden und bewährten Herstellersystemen und Produkten her. Damit wird Wohnen energie- und prozesseffizient, resilient, sicher und komfortabel“ [17]

Was stellt aktuell eine der größten Herausforderungen beim Thema Active Assisted Living dar?

Michael Schidlack: *„Die bestehenden Wohnimmobilien weisen die verschiedensten Altersklassen, Größen, Zustände und Basistechnologien auf. Von uralten Bauten, in denen nur Stromleitungen und Klingeldraht vorhanden sind, bis zu modernsten, hoch digitalisierten Gebäuden. Das Future Living Berlin [18] ist zum Beispiel eines unserer Testobjekte, ein smartes, nachhaltiges Wohnungsquartier mit über 200 Wohneinheiten, die komplett vernetzt sind. Werden unterschiedliche Technologien verbaut, ist es für einen Dienstleister im Digitalisierungsbereich nahezu unmöglich, nach dem heutigem Stand der Technik auf die verschiedenen Gebäudeinfrastrukturen zurückzugreifen, weil überall unterschiedliche Technologien vorgefunden werden – mit dem Ergebnis, dass alle Anbieter von AAL gezwungen sind, ihr eigenes technisches Equipment aufzustellen. Gerade ältere oder behin-*

derte Menschen sind damit häufig überfordert, weil es sie zwingt, sich an neue Geräte und neue Abläufe gewöhnen zu müssen."

Wie will ForeSight dieses Problem angehen?

Michael Schidlack: *„Wir versuchen, sämtliche Technologien, die in Gebäuden integriert sind, auf einer einheitlichen Plattform miteinander kompatibel zu machen. Dazu wurde im ersten Schritt eine semantische Sprache entwickelt. Hierfür haben wir die bereits bestehenden Systeme gesichtet und zu den vorhandenen Datensätzen weitere hinzugefügt, sodass diese semantisch beschrieben werden können. So spielt es keine Rolle mehr, aus welchen Systemen die Daten kommen, mit ForeSight können wir sämtliche Daten verarbeiten. Im Prinzip bauen wir eine Nomenklatur, damit vorhandene Systeme miteinander sprechen können. Es gelangt also eine künstliche Intelligenz zum Einsatz, durch die sich anhand von relativ wenigen Sensordaten in einem Gebäude bereits relativ viele Informationen gewinnen lassen."*

Wie genau kann man sich das vorstellen?

Michael Schidlack: *„Ein einfaches Beispiel ist die Apple Smartwatch. Diese verfügt über einen Beschleunigungssensor, einen Bewegungssensor, einen Kompass usw. Im Grunde sind es eine Handvoll Sensoren, von denen jedoch keiner unmittelbar feststellt, ob der Nutzer gerade schwimmt, tanzt oder Rad fährt. Es ist immer die Kombination aller Sensorwerte. Es gibt also keinen ‚Spazierengehen'- oder ‚Joggen'-Sensor in der Uhr. Bisher war die vorherrschende Idee bei AAL die, dass für bestimmte Sachverhalte ein spezieller Sensor zu entwickeln sei, wie dies beispielsweise in speziellen Sturzteppichen oder -fliesen gegeben ist, die messen können, ob eine Person gestürzt ist. Ein bizarrer Aufwand, denn würde man dieser Idee konsequent nachgehen, müsste man dafür die gesamte Wohnstätte aufreißen. Wir wollen mit ForeSight daher erreichen, dass die vorhandenen Sensoren und Aktoren, die sich sowieso bereits im Haus befinden, zusätzlich eingebunden werden, wodurch sich ein Zustand schaffen lässt, in dem es möglich ist, ohne großen Zeitaufwand alle relevanten Daten, beispielsweise für Pflegedienste, zu empfangen."*

Wie kann das gelingen?

Michael Schidlack: *„Es gibt verschiedene technische Möglichkeiten, die sich gegenwärtig in Testung befinden. Der Vorteil dieser Technologie ist,* *dass sich anhand von vorhandenen Elektro- und Smart-Home-Installationen bereits alle notwendigen Daten und Informationen, zum Beispiel über die Pflegebedürftigkeit von Personen, herausfiltern lassen. Wir arbeiten kontinuierlich an der Frage, wie die Umsetzung konkret erfolgen kann. Ein Beispiel: Im Projekt Future Living Berlin haben wir eine DigitalStrom-Installation, in der alle Lichttaster miteinander vernetzt sind. Schaltet jemand das Licht im Raum an oder wieder aus, so ist diese Information erst einmal vorhanden. Wie sich eine Person durch die Wohnung bewegt, kann sehr relevante Aufschlussdaten über die Pflegebedürftigkeit oder den Pflegezustand dieser Person geben – insbesondere bei Vorhandensein von Abweichungen des gewohnten Tagesablaufs. Wenn die betreffende Person beispielsweise länger als gewöhnlich im Bett liegt, das Licht nicht anschaltet, die Jalousien nicht hochzieht, den Kühlschrank nicht öffnet oder den Fernseher nicht bedient. All das lässt sich abfragen und auf Basis der so gewonnenen Erkenntnisse entsteht ein aufschlussreiches Gesamtbild über den Zustand der Person."*

Wie genau werden diese Informationen abgefragt?

Michael Schidlack: *„Gelingt es uns, dass sich die ForeSight-Plattformen zum allgemein üblichen Standard entwickeln, wird eine Akzeptanz geschaffen, wodurch sich die Bereitschaft der Hersteller zur Beteiligung an dieser Konstruktion erhöht. Kein Hersteller muss hierbei sein individuelles Geschäftsmodell ändern. Es ist lediglich erforderlich, dass die Daten in diese Plattform fließen, wo sie zudem entsprechend geschützt werden. Letztendlich geht es darum, bestehende Systeme miteinander kompatibel zu machen und in einen einheitlichen Datenraum zu transferieren. Das können Service- Anwendungen sein, die speziell auf Pflegedienste ausgerichtet sind, oder unterstützende Dienstleistungen für behinderte oder für ältere Menschen. Die beabsichtigte Implementierung gelingt selbstverständlich nur, wenn sowohl Hersteller als auch Endkunde, also die pflegebedürftige Person, ihr Einverständnis hierzu erteilen. Die Intention ist, möglichst die Infrastruktur zu nutzen, die sowieso im Haus vorhanden ist. Diese bildet die Grundlage, auf welcher spezielle Serviceanbieter und Entwickler entsprechende Applikationen bauen können. Das ist das Konzept und die technologischen Grundpfeiler hierfür haben wir geschaffen."*

Inwiefern tangiert das die pflegebedürftige Person?

Michael Schidlack: *„Die Idee ist, die pflegebedürftige Person mit der Thematik nicht zu behelligen. Das heißt, sie verbleibt in ihrer gewohnten Um-*

gebung, benötigt keine App und im Idealfall auch keine weitere Hardware. Alles bleibt, wie es ist. Den Pflegediensten wird durch den Pflegebedürftigen oder eine entsprechende autorisierte Person einmalig die Erlaubnis erteilt, die Daten, welche durch die im Wohnraum vorhandene Elektroinstallation ohnehin bereitgestellt werden, für ihre Pflegeanwendungen nutzen zu dürfen."

Wie kann man sich die Plattform vorstellen, auf der die Daten dann gesammelt werden?

Michael Schidlack: *„Man darf sich die Plattform nicht als riesige Cloud vorstellen, in der alles gesammelt wird! Im Rahmen von ForeSight entwickeln wir eine Art Metaset und übernehmen dabei ähnliche Funktionen wie Google. Das heißt, erfolgt eine Anfrage, beispielsweise ‚Ich benötige die Daten von Frau Müller in der Marktstraße', weiß unsere Applikation, wo diese Daten zu finden sind. Selbstredend nur, wenn die betroffene Person sowie der Hersteller bzw. Datenlieferant zuvor ihre Zustimmung zur Verwendung der Daten erteilt haben. Erst dann darf der Serviceanbieter diese Daten nutzen. Bei ForeSight handelt es sich also um eine Art Autorisierungssystem."*

Was passiert dabei mit den Daten?

Michael Schidlack: *„Die Daten werden nicht physikalisch umgelagert, sondern verbleiben im Prinzip da, wo sie sind. Allerdings verfügt unsere Plattform über umfassende Kenntnisse, sie weiß, wo diese lagern und kann entsprechende Algorithmen laufen lassen, ebenso wie KI-Anwendungen."*

Was bedeutet Künstliche Intelligenz in diesem Zusammenhang?

Michael Schidlack: *„Es bedeutet jedenfalls nicht, dass im Hintergrund bewusste Prozesse ablaufen, beispielsweise die KI eigenständig eine Entscheidung fällt. Die KI ist schlicht auf große Datenmengen angewiesen, um Muster zu erkennen. Diese Mustererkennung dient dazu, bestimmte Pflegeprofile zu erstellen und auch die Pflegenotwendigkeit zu definieren. Sie zieht Schlussfolgerungen aus den vorliegenden Daten, errechnet gewisse Wahrscheinlichkeiten für bestimmte Situationen."*

Was für eine Situation könnte das sein?

Michael Schidlack: *„Ein Beispiel: Hat eine pflegebedürftige Person die Angewohnheit, morgens um sieben oder acht Uhr das Badezimmer zu betre-*

ten, und stellt sich diese Routine von einem auf den anderen Tag um und sie schafft es auf einmal frühestens um elf Uhr ins Bad, liefert das ein Hinweis dafür, dass irgendetwas anders ist, dass gegebenenfalls etwas nicht in Ordnung ist. An dieser Stelle könnte ein passend hierzu entwickelter Service eine Vernetzung mit dem zuständigen Pflegedienst ermöglichen, der sodann automatisch benachrichtigt würde. Es lassen sich verschiedene Parameter abfragen, zum Beispiel die Dauer eines Weges: Die Person geht abends vom Fernsehraum ins Schlafzimmer und benötigt anstelle der üblichen 15 Sekunden plötzlich drei Minuten. Das lässt sich über die Betätigung der Lichtschalter messen. Diese Information könnte ein Hinweis auf eine Verschlechterung des physischen Zustandes sein, weil die Person sich vermutlich deutlich langsamer bewegt. Die Grundidee ist ja, die Pflegebedürftigkeit von Menschen zu beobachten und zu tracken, um Angehörige oder Pflegekräfte rechtzeitig informieren zu können, bevor anderenfalls etwas Schlimmes passiert. Derlei ließe sich auch weiterdenken, möglicherweise eine Kombination mit weiteren Sensoren, die es heute allerdings in der Form noch nicht gibt. Zum Beispiel ein Geruchssensor, der Körperausdünstungen misst, was für die Hygiene beispielsweise inkontinenter Personen wichtig ist. Eine KI kann mit den entsprechenden Datensätzen trainiert werden und hochsensibel auch solche Pflegezustände erkennen. Es gibt bereits sogenannte digitale Nasen, also Sensoren, die Gerüche erkennen können. Die hierfür notwendigen Algorithmen fehlen allerdings noch. Im Rahmen von ForeSight könnten diese aber entwickelt werden. Wir wollen also Daten verfügbar halten, die schon existieren, bisher jedoch ungenutzt verschwinden. Nach unserem Ansatz lassen sich viele wesentliche Informationen aus bereits bestehenden Technologien generieren. Auf aufwendige Hardware-Produkte, die es zu warten und zu pflegen gilt und die nicht selten viel Geld schlucken, kann man unserer Ansicht daher weitgehend verzichten."

Wie gelangen die Daten auf die Plattform?

Michael Schidlack: *„Eine klassische Schnittstelle, also eine Kompatibilitätsbrücke zwischen zwei verschiedenen Systemen, ersetzen wir dadurch, dass der Hersteller diese Daten von Anfang an geringfügig modifiziert. Werden diese in einer anderen Form erzeugt als bisher, ergänzt durch spezielle Annotierungen, sind sie mit unserem System kompatibel. Sobald die Daten in dieser angepassten Ausgestaltung vorliegen, kann man im Wesentlichen auf klassische Schnittstellen verzichten. Gleichzeitig bedeutet diese jedoch* *nicht, dass ein bisher bewährtes System nicht mehr funktioniert. Unser Zielbild wäre, dass der Hersteller an der Plattform teilnimmt, und die Freigabe der Daten durch den Endkunden bzw. einen anderen Applikationsanwender, beispielsweise den Pflegedienst, erfolgen kann. Eine Anpassung in der Wohnung ist hierfür nicht erforderlich.“*

Welche Hürden gilt es noch zu überwinden?

Michael Schidlack: *„Die Industrie ist in weiten Teilen noch nicht so weit und selten dazu bereit, an einer weltweiten Datenökonomie teilzunehmen. Ich schätze, dass rund 80 % der Hersteller ihre Daten nicht teilen möchten, selbst dann nicht, wenn sie dadurch in die Lage geraten, keine vernünftigen, attraktiven Applikationen anbieten zu können. Auf unserer Plattform kommen diese Daten nicht nur einem einzigen Anbieter zugute, sondern werden mit anderen Unternehmen geteilt.“*

Wie steht es bei ForeSight um den Schutz der Daten?

Michael Schidlack: *„Da es sich um eine europäische Plattform handelt, können wir mit dem europäischen Grundgedanken von Datenschutz und Datensicherheit einen soliden Schutz vor Datenmissbrauch gewährleisten. Dieser Aspekt ist allem voran für die pflegebedürftigen Personen von Bedeutung. Ich bin jedoch der Meinung, dass die Nutzer ihre Daten gerne zur Verfügung stellen, wenn sie den Benefit, der durch die Anwendung generiert wird, erfahren haben. Eine Plattform wie ForeSight funktioniert nur dann, wenn alle davon profitieren können.“*

Wie schätzen Sie die Entwicklung von AAL in Zukunft ein?

Michael Schidlack: *„AAL ist ein riesiges Feld, das Potenzial ist enorm. Das muss es auch sein, weil wir anderenfalls die steigenden Pflegekosten in ein paar Jahren nicht mehr in den Griff bekommen werden. Ändert sich nichts, wird das System irgendwann zusammenbrechen. AAL-Anwendungen können eine drastische logistische Prozessvereinfachung schaffen. Es lässt sich viel Geld einsparen, wenn die Unterrichtung über die Pflegebedürftigkeit einer Person on demand erfolgen kann, und starre Touren durch alle Zimmer eines Pflegeheims oder Besuchsdienste entfallen können. Gleichzeitig wird dadurch der zu betreuenden Person die Entscheidungsfreiheit überlassen, ob sie einen Pflegedienst in Anspruch nehmen will oder nicht. Am Ende geht es doch darum, Menschen so lange wie möglich in ihrer gewohnten häuslichen Umgebung zu halten und ihnen in jedem Zustand ein men-*

schenwürdiges Dasein zu ermöglichen. Gleichwohl sind Systeme nicht dazu fähig, beispielsweise einen Sturz zu verhindern, sie können jedoch dafür sorgen, dass ein solcher in Echtzeit angezeigt wird. Mittels AAL-Technologien lässt sich ein Heimaufenthalt um ein bis zwei Jahre verzögern, was gemessen an der Gesamtbevölkerung ein gigantisches Ersparnispotential für Pflegesituationen bedeutet."

Wie geht es jetzt mit ForeSight weiter?

Michael Schidlack: *„In einer zweiten Phase liegt das Hauptaugenmerk darauf, weitere Anwendungen in die Plattform zu integrieren. Darüber hinaus befassen wir uns intensiv mit dem Folgeprojekt von ForeSight, ForeSight Next [19], wofür es Anfang 2023 im Rahmen des Förderprogramms ‚Entwicklung digitaler Technologien' einen Förderaufruf des Bundesministeriums für Wirtschaft und Klimaschutz gab. Speziell Unternehmen, die in den Bereichen AAL und Nachhaltigkeit wirken, wurden aufgefordert, Anwendungen für diese Plattform zu entwickeln."*

3.3 Bundesregierung, Sozial- und Gesundheitssystem

Die Bundesregierung fördert die Entwicklung und den Einsatz von Active Assisted Living-Technologien, um ältere Menschen bei der Bewältigung des Alltags zu unterstützen und ihre Selbstständigkeit zu stärken. Dies geht aus dem Nationalen Aktionsplan „Innovative Strategien zur Bewältigung des demografischen Wandels" hervor, der im Jahr 2015 von der Bundesregierung beschlossen wurde. In diesem Plan wird betont, dass AAL-Technologien dazu beitragen können, die Qualität der Lebensbedingungen älterer Menschen zu verbessern und gleichzeitig die Nachhaltigkeit der Pflegeversorgung zu erhöhen. Die Bundesregierung setzt sich außerdem dafür ein, dass die technologischen Lösungen bezahlbar und für alle zugänglich sind [20].

Active Assisted Living (AAL) spielt eine wichtige Rolle für das deutsche Gesundheits- und Sozialsystem, da es dazu beitragen kann, die Versorgung älterer und pflegebedürftiger Menschen zu verbessern und gleichzeitig die Kosten im Gesundheitswesen zu senken. Durch den Einsatz von AAL-Technologien können ältere Menschen länger selbständig in ihren eigenen vier Wänden leben und gleichzeitig professionelle Unterstützung erhalten. Dies kann dazu beitragen, dass die Anzahl der stationären Pflegebedürftigen sinkt.

Zudem kann AAL einen Beitrag dazu leisten, dass ältere Menschen gesünder bleiben und somit seltener auf teure medizinische Versorgung angewiesen sind. Durch die frühzeitige Erkennung von gesundheitlichen Problemen können diese schnell behandelt und ein Fortschreiten der Erkrankung kann vermieden werden. Auch können AAL-Technologien dabei helfen, Pflegekräfte zu entlasten und somit Kosten zu sparen.

Insgesamt kann Active Assisted Living dazu beitragen, dass das deutsche Gesundheitssystem den Herausforderungen des demografischen Wandels besser begegnen kann und eine bedarfsgerechte und qualitativ hochwertige Versorgung älterer Menschen gewährleistet wird.

Das deutsche Gesundheitssystem fördert Active Assisted Living (AAL) auf verschiedene Weise:

- Finanzielle Förderung: Es gibt verschiedene Förderprogramme, die darauf abzielen, die Entwicklung und Anwendung von AAL-Technologien zu unterstützen. Beispiele dafür sind das Bundesprogramm „*Wohnen und Pflege im Alter*" und das Innovationsfonds-Programm des Gemeinsamen Bundesausschusses.
- Politische Unterstützung: Die Bundesregierung hat sich in ihrem Nationalen Aktionsplan „*Innovative Strategien zur Bewältigung des demografischen Wandels*" zum Einsatz von AAL-Technologien bekannt und unterstützt deren Entwicklung und Integration in die Pflegepraxis.
- Forschung und Entwicklung: Es gibt zahlreiche Forschungsprojekte und -einrichtungen, die sich mit der Entwicklung und Evaluation von AAL-Technologien beschäftigen. Hierzu zählen zum Beispiel das Deutsche Zentrum für Altersfragen (DZA) und das Fraunhofer-Institut für Intelligente Analyse- und Informationssysteme (IAIS).
- Integration in die Pflegepraxis: AAL-Technologien werden zunehmend in die Pflegepraxis integriert, um ältere Menschen bei der Bewältigung des Alltags zu unterstützen und ihre Selbstständigkeit zu fördern. Hierzu zählen zum Beispiel technische Hilfsmittel wie Sturzsensoren, Bewegungsmelder oder Telemonitoring-Systeme.

Insgesamt wird AAL im deutschen Gesundheitssystem als wichtiger Ansatz angesehen, um den Herausforderungen des demografischen Wandels zu begegnen und die Lebensqualität älterer Menschen zu verbessern.

3.4 Finanzierung

3.4.1 Allgemeines

Bezogen auf die Implementierung und Markteinführung von AAL-Systemen stellt die Kostenfrage das herausfordernde Thema dar. Grundsätzlich gilt, dass die Kosten zunächst einmal von Einrichtungen bzw. Privatpersonen selbst zu tragen sind. Neben oftmals sehr hohen Initialkosten kommen bei einigen Systemen laufende Kosten hinzu, zum Beispiel Nutzungs- oder Servicegebühren. Für viele Einrichtungen und besonders für Privatpersonen ist das mitunter ein Hinderungsgrund, sich für AAL-Systeme zu entscheiden, besonders auch, weil die Bezuschussung durch Krankenkassen, private Krankenversicherer oder Pflegekassen keineswegs garantiert ist. Mit seinen Komponenten aus Sicherheit, Gesundheit und Komfort lässt AAL die traditionellen Grenzen verschwimmen und gerade Privatpersonen sehen sich deshalb einem oftmals übermäßig hohen Risiko ausgesetzt: Welche Leistungen werden in welcher Höhe bezuschusst? Welchen Anforderungen müssen die Leistungen genügen? Wie ist ein positiver Nutzen der Leistungen nachzuweisen?

Zugleich hat die Covid-19-Pandemie sowohl die dringende Notwendigkeit als auch die Möglichkeiten von AAL-Systemen aufgezeigt. Gerade gefährdete Personen waren in Isolation in ihren eigenen Haushalten geschützter als bspw. Senioren in Pflegeheimen, wo sie einer hohen Gefährdung durch das Virus ausgesetzt waren. Die Pandemie liefert im AAL-Kontext vor allem zwei wichtige Erkenntnisse: Zum einen helfen die Dienste des AAL dabei, Leben zu retten und zugleich die Kosten für die Pflege zu senken. Zum anderen wird die Definition von AAL-Leistungen immer umfassender und mit ihr auch der Personenkreis derer, die eben diese Dienste in Anspruch nehmen. Neben Senioren und Menschen mit Beeinträchtigung kann das eben auch der Single-Mann mit gebrochenem Fuß in Covid-Isolation sein oder die alleinerziehende Mutter mit krankem Kind, die im Home-Office arbeitet. AAL wird demnach für einen Großteil der Bevölkerung zur echten Alternative.

3.4.2 Digitale-Gesundheitsanwendungen-Verordnung (DiGAV)

Ein Baustein, um in der Finanzierungsfrage Abhilfe zu schaffen, ist die Digitale-Gesundheitsanwendungen-Verordnung (DiGAV). Die Verordnung legt das Verfahren und die Anforderungen an die Prüfung der Erstattungsfähigkeit digitaler Gesundheitsanwendungen in der gesetzlichen Krankenversicherung fest. Damit ist erstmals die Grundlage für den Leistungsanspruch der Versicherten auf Versorgung mit digitalen Gesundheitsanwendungen geschaffen. Durch die Rechtsverordnung wird auch sichergestellt, dass qualitativ hochwertige digitale Gesundheitsanwendungen zügig in die Versorgung gelangen und so einen Mehrwert für die Versicherten generieren. Zugleich werden Vorhersehbarkeit und Klarheit hinsichtlich der Anforderungen an die Aufnahme in das Verzeichnis für die Hersteller digitaler Gesundheitsanwendungen generiert.

Die DiGAV legt fest:

- eine klare Definition der an digitale Gesundheitsanwendungen zu stellenden Anforderungen insbesondere hinsichtlich Sicherheit, Qualität, Datenschutz und Datensicherheit,
- verlässliche Vorgaben für Methoden und Verfahren zum Nachweis positiver Versorgungseffekte,
- die Voraussetzungen der Einrichtung eines funktionalen, nutzerfreundlichen und transparenten Verzeichnisses für digitale Gesundheitsanwendungen sowie
- ein unabhängiges, strukturiertes und verlässliches Prüfverfahren, das die Einhaltung der Anforderungen an digitale Gesundheitsanwendungen zu jederzeit gewährleistet.

Die Rechtsverordnung definiert die Anforderungen, die die gesetzlichen Anforderungen des Sozialgesetzbuch V konkretisieren, welche das Verfahren zur Aufnahme in das Verzeichnis für digitale Gesundheitsanwendungen, eine vorgelagerte Beratung von Herstellern digitaler Gesundheitsanwendungen, die Anzeige wesentlicher Veränderungen sowie die im Zusammenhang mit dem Verwaltungsverfahren anfallenden Gebühren betreffen.

Indem die Anforderungen an Funktionstauglichkeit, Sicherheit, Qualität, Datenschutz und -sicherheit direkt benannt werden, können Hersteller digitaler Gesundheitsanwendungen diese Anforderungen bereits bei der Produktentwicklung berücksichtigen und umsetzen. Mit der Definition der Anforderungen an Datenschutz und Datensicherheit wird der besondere Schutzbedarf der Versicherten bei der Verarbeitung von Gesundheitsdaten gewährleistet, zugleich werden Vorgaben definiert, die den technischen Datenschutz nach dem Stand der Technik sicherstellen und die die an digitale Gesundheitsanwendungen zu stellenden Qualitätsanforderungen konkretisieren.

Damit digitale Gesundheitsanwendungen in die Erstattung gelangen, die positive Versorgungseffekte nachweisen können, werden die Grundlagen des Verfahrens der Evidenzgenerierung unter Berücksichtigung der Grundsätze evidenzbasierter Medizin näher ausgestaltet. Bei der Auswahl geeigneter Gesundheitsanwendungen sollen sowohl Versicherte als auch Leistungserbringer gleichermaßen unterstützt werden. Dafür sorgen Regelungen zu Aufbau, Inhalten und Funktionalitäten des vom Bundesinstitut für Arzneimittel und Medizinprodukte zu erstellenden Verzeichnisses für digitale Gesundheitsanwendungen. Außerdem werden ergänzende Regelungen zu dem Schiedsverfahren im Kontext der Preisbildung für digitale Gesundheitsanwendungen festgelegt.

Über die gesetzliche Verordnung der DiGAV hinaus hat die Internationale Elektrotechnische Kommission (IEC) ein System Komitee (SyC AAL) zur Förderung der Sicherheit, des Schutzes der Privatsphäre und der herstellerübergreifenden Interoperabilität bei der Nutzung von AAL-Diensten eingerichtet. Das SyC AAL hat drei Veröffentlichungen vorgelegt, die sich an private oder öffentliche Krankenkassen sowie an Hersteller von AAL-Geräten richten, darunter die Norm IEC 63234-1, die einen Rahmen für die wirtschaftliche Bewertung von AAL-Diensten festlegt. Unter Berücksichtigung verschiedener Variablen, einschließlich der Kosten, wird der volle wirtschaftliche Nutzen von AAL-Diensten ermittelt. Dies stellt ein wirtschaftliches Werkzeug zur Bewertung von AAL-Diensten dar, das einen weiteren wichtigen Baustein bildet, um das Finanzierungsproblem zu lösen. Gleichzeitig ist es ein zentrales Argument, um Krankenkassen zu überzeugen: AAL-Systeme sorgen für den größten, in diesem Fall ökonomischen Nutzen für das investierte Geld.

Unter bestimmten Bedingungen gibt es bereits heute finanzielle Unterstützung für Einzelpersonen. Ist eine Pflegestufe anerkannt, bestehen beispielsweise Fördermöglichkeiten. Im Rahmen der Bezuschussung sogenannter wohnumfeldverbessernder Maßnahmen übernehmen die Pflegekassen bis zu 4.000 EUR der Kosten. Darunter fällt beispielsweise der Einbau eines Treppenlifts. Auch die KfW (Kreditanstalt für Wiederaufbau) fördert in ihrem Produkt „Altersgerecht umbauen“ insbesondere Maßnahmen, die für ein barrierefreies und selbstbestimmtes Leben in der gewohnten Umgebung relevant sind. Dazu zählen unter anderem der altersgerechte Umbau einzelner Räume wie das Bade- oder Schlafzimmer, die Überwindung von Treppen und Stufen oder die Erhöhung der Sicherheit und des Bedienkomforts. In den Produktdetails des KfW-Förderprogramm sind die jeweiligen technischen Anforderungen, darunter auch an die Elektroinstallation, benannt.

So sieht die Förderung im Einbau oder in der Erweiterung altersgerechter Assistenzsysteme (ohne Endgeräte und Unterhaltungstechnik) folgendes vor [21]:

- baugebundene Bedienungs- und Antriebssysteme für Türen, Innentüren, Jalousien, Rollläden, Fenster, Türkommunikation, Beleuchtung, Heizung- und Klimatechnik,
- Einbau von Mess-, Steuerungs- und Regeltechnik,
- baugebundene Not-, Ruf- und Unterstützungssysteme, unter anderem Wassermeldung, Kamerasysteme, Panikschalter, Geräteabschaltung, präsenzabhängige Zentralschaltung von Geräten oder Steckdosen, Wohnungsdisplay zur Anzeige von Daten, (Bild-)Gegensprechanlagen, zum Beispiel mittels Videotechnik, Türkommunikation, intelligente Türschlösser mit personalisierten Zutrittsrechten, Sturz- und Bewegungsmelder, Anwesenheits- und erweiterte Präsenzmelder, Außenbeleuchtung, elektronische Antriebssysteme oder elektronische Zeitschaltuhren für Rollläden. Alternativ kann auch eine Förderung als Maßnahme zum Einbruchschutz erfolgen,
- Gebäudeausrüstung mit vernetzter Gebäudesystemtechnik, zum Beispiel Präsenzsensoren, Beleuchtungsaktoren,
- Systemtechnik für den Datenaustausch hausintern/-extern,
- notwendige Verkabelung oder kabellose funkbasierte Installationen (z. B. Router) für Kommunikations-/Notrufsysteme und intelligente Assistenzsysteme.

Nicht förderfähig sind digitale Geräte der Unterhaltungselektronik, zum Beispiel Smartphone oder Tablet.

Alle altersgerechten Assistenzsysteme müssen

- interoperabel sein und somit die freie Kombinierbarkeit und Kompatibilität der Systemkomponenten ermöglichen,
- eine datensichere, datengeschützte, systemübergreifende, jederzeit verfügbare, funktionssichere und nachrüstbare Kommunikation ermöglichen,
- leicht bedienbar und ganzheitlich ergonomisch sein.

Die Außenbeleuchtung muss

- blendfrei
- sowie gleichmäßig auf Bodenniveau mit mindestens 10 Lx sein.

Vorgesehen ist überdies eine Modernisierung von Bedienelementen: farblich abgesetzte oder ergonomisch optimierte Bedienelemente, z. B.

Lichtschaltersysteme, Türdrücker und sonstige Türbedienungselemente, Flächenschalter mit besonders großer Bedienfläche, Tast- und Kippschalter, Wippschalter mit ertastbaren Piktogrammen.

Bedienelemente müssen

- großflächig bemessen, tastbar wahrzunehmen und in ihrer Funktion erkennbar sein. Daher sind ausschließlich Kipp- und Tastschalter zu verwenden. Bewegungsabhängige Schalter sind zulässig, wenn sie
- eine Montagehöhe zwischen 0,80 m bis 1,10 m aufweisen,
- zu Raumecken einen Mindestabstand von 0,25 m aufweisen. Dies gilt auch für Steckdosen, die mindestens 0,40 m über dem Fußboden liegen müssen.

Unabhängig davon fördern die Bundesländer Bau- und Modernisierungsvorhaben im AAL-Bereich im Rahmen der Wohnraumförderung über die jeweiligen Investitionsbanken ihrer Länder. Ferner bieten einige Bundesländer auch Investitionskostenförderung oder strukturelle Förderung sowie die Förderung besonderer Bauvorhaben an. Hier lohnt eine Nachfrage bei den jeweiligen Landesbauämtern, Banken oder bei Energieberatern. Auch Kranken- und Pflegekassen übernehmen im Einzelfall Kosten für Hilfsmittel und Assistenzsysteme [22].

3.5 Datenschutz und Datensicherheit

Ist von AAL die Rede und damit von einer immer stärker digitalisierten, vernetzten Welt und Gesellschaft, sind die Themen Datenschutz und Datensicherheit naturgemäß nicht weit. Intelligente Assistenzsysteme betreffen unmittelbar das menschliche Verhalten. Sie erheben personenbezogene Daten, weshalb Datenschutz und -sicherheit ohne Ausnahme gewährleistet sein müssen, um Hackerangriffen vorzubeugen.

Die Deutsche Normungs-Roadmap AAL beschreibt es wie folgt:

„Mit AAL-Technologien und daran gekoppelten Dienstleistungsangeboten werden viele sensible Daten verarbeitet. Hierzu gehören zum Beispiel Vitalparameterdaten, Daten über soziale Kontakte, häusliche Aktivitäten und Krankheitsdaten. Für einige dieser Bereiche gibt es bereits Gesetze, wie z.B. für die patientenbezogene Datenverarbeitung. Hier sind zunächst die Richtlinien der EU (Richtlinie 95/46/EG) sowie die nationalen Umsetzungen durch den Bund (Bundesdatenschutzgesetz) und die Länder (Landesdatenschutzgesetze) heranzuziehen. Weitere relevante Gesetze sind das

Strafgesetzbuch und das Sozialrecht in den relevanten Sozialgesetzbüchern sowie das Grundgesetz. Für die über Gesundheitsdaten hinaus aufkommenden Daten sind u. U. weitere Gesetze zu berücksichtigen, wie z. B. das Telekommunikationsgesetz.“ [6]

Der Einsatz von AAL-Technologie muss angesichts eben dieser hochsensiblen Datenverarbeitung Hand in Hand mit dem Datenschutzrecht gehen. Denn natürlich herrscht gerade in diesem Bereich eine besonders große Skepsis bei den Anwendern. Diese kann nur gemindert bzw. die Akzeptanz von AAL-Systemen verstärkt werden, wenn der Datenschutz frühzeitig integriert wird. Klare Datensicherheitskonzepte zu entwickeln und den Datenschutz in alle Prozesse der Hersteller und Dienstleister zu integrieren, muss oberste Priorität sein.

Auch das Medizinproduktegesetz (MPG) ist für den Bereich AAL von zentraler Bedeutung, da Assistenzsysteme als Medizinprodukte eingestuft werden, weil sie laut § 3, Abs. 1 Medizinproduktegesetz der *„Erkennung, Verhütung, Überwachung, Behandlung, der Linderung von Krankheiten, (...) Verletzungen oder Behinderungen, der Untersuchung, der Ersetzung oder der Veränderung des anatomischen Aufbaus oder eines physiologischen Vorgangs“* dienen.

Um bei diesen Systemen die derzeit aus technischer Sicht mögliche Sicherheit, Leistungsfähigkeit und Zuverlässigkeit zu erreichen, sind spezifische Methoden und Abläufe erforderlich. Hierfür müssen verschiedene gesetzliche und normative Regelungen berücksichtigt werden, wie beispielsweise [6]:

- Gebrauchstauglichkeit (DIN EN 62366),
- Europäische Richtlinien (z. B. 93/42/EWG),
- nationale Gesetze (z. B. MPG),
- nationale Verordnungen (z. B. Medizinprodukte-Sicherheitsplanverordnung (MPSV), Verordnung über klinische Prüfungen von Medizinprodukten (MPKPV)),
- nationale, europäische und internationale Normen (EN, DIN, VDE etc.),
- Qualitätssicherung (DIN EN ISO 13485).

Um die Themen Datenschutz und -sicherheit genauer zu beleuchten, sprachen wir für dieses Buch mit Dr. Thilo Weichert, dem ehemaligen Datenschutzbeauftragten des Landes Schleswig-Holstein und Leiter des Unabhängigen Landeszentrums für Datenschutz Schleswig-Holstein (ULD).

Um vollumfänglich arbeiten zu können, müssen intelligente Assistenzsysteme, die das menschliche Verhalten betreffen, personenbezogene Daten verarbeiten. Die Entwicklungen in diesem Bereich sind rasant – ist der Datenschutz dabei auf der Strecke geblieben?

Dr. Thilo Weichert: „*Es kommt darauf an. Die Gesetze haben sich durchaus weiterentwickelt. Die europäische Datenschutz-Grundverordnung – die DSGVO – gilt weltweit als fortschrittlichste Regelung zur Wahrung des allgemeinen Persönlichkeitsrechts in einer sich digitalisierenden Lebenswelt. Die DSGVO ist technikoffen und findet umfassende Anwendung bei Verfahren des Ambient Assisted Living. Zugleich gab es auch im Medizin- und Pflegerecht Neuerungen, welche die Wahrung des Patientengeheimnisses, also der beruflichen Schweigepflicht von Heilberufen, technikadäquat ermöglichen. Es geht darum, bei einem optimalen technischen Rahmen für die Hilfeleistung die Vertraulichkeit in der Beziehung zwischen Hilfsbedürftigen und Helfenden zu sichern. Die Existenz dieser Regelungen garantiert aber nicht, dass der Datenschutz bei den Anwendungen beachtet wird. Insbesondere Anbieter aus den USA – wo es keine modernen Datenschutzgesetze gibt – scheren sich bisher weniger um die Vertraulichkeit der von ihnen verkauften oder zum Einsatz gebrachten Produkte. Hierbei kann altruistische Hilfe im Interesse kommerziellen Profits schnell zu kurz kommen.*“

Welche datenschutzrechtlichen Grundlagen kommen im Bereich AAL zum Tragen?

Dr. Thilo Weichert: „*Aus rechtlicher Sicht stehen die Grundsätze des Art. 5 DSGVO im Vordergrund: Rechtmäßigkeit, Treu und Glauben, Transparenz, Zweckbindung, Erforderlichkeit, Richtigkeit. Bei aller fremden Hilfe ist es geboten, dass dem Betroffenen ein Höchstmaß an informationeller Selbstbestimmung, also digitaler Souveränität, verbleibt. Hierfür ist dessen Information, Einbindung und Bestimmungsmöglichkeit technisch umzusetzen.*

Aus technischer Sicht unterscheiden wir folgende sechs Prinzipien: Integrität, Verfügbarkeit, Vertraulichkeit, Transparenz, Intervenierbarkeit, Nichtverkettbarkeit. Durch adäquate Systemlösungen ist zu gewährleisten, dass die Systeme nicht manipulierbar sind und nicht durch unberechtigte Dritte ausspioniert werden können. Sie müssen für die Betroffenen funktional und zugleich handhabbar sowie – sehr oft – rund um die Uhr verfügbar sein. Das heißt, es muss ein ganzer Strauß von Maßnahmen umgesetzt werden. Dies beginnt bei einer sauberen Dokumentation, einer Risikofolgenab-

schätzung mit risikominimierenden Vorkehrungen, vertraglichen Verpflichtungen der beteiligten Stellen, vom Hersteller über den Betreiber, eingebundenen Hilfesystemen und -stellen bis zu der oder dem Betroffenen; dies erfordert klare Prozesse und technisch-organisatorische Datensicherheitsmaßnahmen gemäß den aktuellen Standards.“

Ein Thema bei der Vereinbarkeit von technischen Lösungen und Datenschutz sind unter anderem die Kosten. Welche Herausforderungen ergeben sich hier für Hersteller, Planer, Betreiber und Betroffene?

Dr. Thilo Weichert: *„Wird der Datenschutz schon im Stadium der Entwicklung mitgedacht, so entstehen kaum zusätzliche Kosten. Es ist eher eine organisatorische Herausforderung, die technische, die funktionale und die rechtliche Expertise bei Entwicklung, Gestaltung und Betrieb zusammenzuführen und zusammenzuhalten. Insofern unterscheiden sich AAL-Anwendungen nicht von sonstigen informationstechnischen Systemen und Verfahren: Die Integration des Datenschutzes in die Prozesse wird am besten gewährleistet durch einen Datenschutzbeauftragten, der alle Stadien begleitet und mitgestaltet.“*

Mikrofone, Kameras, Bewegungsmelder, Sensoren und Co. kontrollieren Zimmer oder ganze Wohnungen. Was Arbeitsabläufe beispielsweise in Pflegeheimen enorm vereinfacht und verbessert, gibt besonders Betroffenen ein ungutes Gefühl von permanenter Überwachung. Wie bewerten Sie dies?

Dr. Thilo Weichert: *„Die Angst vor Fremdbestimmung durch Dauerüberwachung ist nicht unbegründet, da die digitalen Sensoren Dritten Informationen über einen selbst bereitstellen, die nicht nur zu Hilfszwecken, sondern auch zwecks Diskriminierung, Manipulation und finanzieller Ausbeutung zum Einsatz gebracht werden können. Dadurch kann das Gefühl von Ausgeliefertsein massiv verstärkt werden. Dem kann mit vielen Maßnahmen entgegengewirkt werden. Zentral ist, dass die Betroffenen umfassend informiert sind über die Zwecke, die beteiligten Personen und Stellen, über die individuellen Nutzungsmöglichkeiten und zumindest in groben Zügen über das technische Funktionieren. Geschlossene Systeme sind vertrauenswürdiger als solche, die im Internet mit anderen Medien kombiniert sind. Eine pflegerische und ärztlich qualifizierte Betreuung in einer vertrauenswürdigen Umgebung vermittelt mehr Sicherheit und Akzeptanz als ein anonymes Angebot von unbekannten oder gar dubiosen Betreibern. Es besteht die*

Möglichkeit, einzelne Teile oder gar das Gesamtsystem durch unabhängige Experten zertifizieren zu lassen, wodurch fehlendes eigenes Know-how ersetzt werden kann. Um übermäßige Überwachung zu verhindern, sollte immer gefragt werden: Ist das wirklich nötig? Und: welche Chancen bestehen angesichts der damit verbundenen Risiken?"

Bedeutet AAL im Einklang mit der europäischen Datenschutzgrundverordnung immer eine Entscheidung – entweder für Sicherheit oder für Selbstbestimmung? Oder kann es einen Kompromiss geben?

Dr. Thilo Weichert: *„Datenschutz und Datensicherheit sind zwei Seiten der gleichen Medaille. Die DSGVO hat nicht nur den Schutz der Privatsphäre zum Ziel, sondern umfassend den Schutz der Grundrechte und damit auch die informationstechnische und indirekt sogar die gesundheitliche Sicherheit. Gerade bei AAL-Anwendungen steht das größtmögliche körperliche und seelische Wohlergehen im Vordergrund. Natürlich lassen sich nicht alle Ziele in gleichem Maße verwirklichen: Je komplexer und „klüger" das Verfahren ist, desto weniger mag es für die Betroffenen verständlich sein. Einwilligungserklärungen können nur begrenzt informativ sein, sind angesichts von gesundheitlichen Zwangssituationen oft nur eingeschränkt freiwillig. Je vernetzter ein System ist, umso größer ist die Gefahr von Angriffen."*

Besonders heikel wird das Thema im Bereich Telemedizin, wenn Anwendungen sensible medizinische Daten wie Gewicht, Blutdruck oder Zuckerwerte erfassen und übermitteln. Welche Werkzeuge müssen hier zum Einsatz kommen, um den Datenschutz zu wahren?

Dr. Thilo Weichert: *„Gegenwärtig sind Techniken verfügbar, mit denen ein solider Schutz realisiert werden kann: Verschlüsselung bei der Datenspeicherung und bei der Übermittlung, Pseudonymisierung bei sekundärer Datennutzung, regelmäßige Backups, Authentifizierung mithilfe von digitalen Signaturen, differenzierte Rollenkonzepte beim Systembetrieb, die Vermittlung der Systemaktivitäten durch Displays oder akustische Signale. Ärztlich zu verschreibende digitale Gesundheitsanwendungen, kurz DiGAs, bedürfen vor ihrer Zulassung für die Kassenabrechnung einer umfassenden Datenschutzprüfung. Hierbei wird geprüft, ob alle nötigen technischen und organisatorischen Maßnahmen berücksichtigt sind. Auch beim Einsatz von Videosprechstunden und anderen Instrumenten der Telemedizin sind Zertifizierungen gefordert. Entsprechendes gilt für digitale Medizinprodukte. Aber auch bei sogenannten Wellness-Produkten werden zunehmend sensib-*

le Gesundheitsdaten erfasst. Leider sind insofern die Datenschutzanforderungen oft noch wenig bekannt und häufig auch nicht umgesetzt. Es ist dann die Aufgabe der Anwendenden, sich hinreichend kundig zu machen. Meine Erfahrung ist, dass nicht überall, wo Datenschutz draufsteht, auch Datenschutz drinnen ist. Werden aber keine Zusicherungen in Sachen Datenschutz gemacht, dann sollte man in jedem Fall die Finger davonlassen."

Welche aktuellen datenschutzrechtlichen Gefahren bergen intelligente Assistenzsysteme?

Dr. Thilo Weichert: *„So vielfältig die Möglichkeiten, so vielfältig sind auch die Risiken. Das größte Risiko für alle besteht wohl weiterhin im Datenklau, also dem Abziehen der Nutzerdaten, das im großen Stil zumeist nicht direkt beim Betroffenen, sondern bei den Betreibern erfolgt. Phisingversuche sind allgegenwärtig und zwingen jeden bei Kommunikationsvorgängen zur Vorsicht. Die erlangten Daten werden dann im Darknet verhökert und für weitere kriminelle Aktivitäten verwendet. In jüngster Zeit verbreitet sich sogenannte Ransomware immer mehr: Dabei werden Daten von Erpressern verschlüsselt, die Geld für die Entschlüsselung der Daten einfordern. Viel zu wenig Aufmerksamkeit wird bisher halblegalen, etablierten kommerziellen Nutzungen gewidmet. Dazu zähle ich Systeme, die sensible Anwendungen für Werbezwecke nutzen oder bei denen verschiedene Dienste gekoppelt sind, etwa Versicherungsleistungen und Hilfsangebote, die Bereitstellung von sensiblen Daten gegen Konsumverlockungen. Hoch-, ja lebensgefährlich sind Manipulationen, mit denen Gesundheitsdienste durch Datenveränderung zur Gesundheitsschädigung missbraucht werden."*

Das große Ziel im Bereich AAL ist die Rechtssicherheit für Betreiber und Anbieter sowie Vertrauen und Rechtssicherheit für die Nutzer. Ist Ihrer Ansicht nach an dieser Stelle überhaupt ein Konsens möglich und wenn ja, welche Voraussetzungen müssten dafür noch dringend erfüllt werden?

Dr. Thilo Weichert: *„Natürlich ist der Einsatz digitaler Technik zum Nutzen der individuellen und gesellschaftlichen Gesundheit möglich, sinnvoll und nötig. Doch sollte man nicht allen Heilsversprechungen glauben. Digitale Instrumente können allenfalls Hilfsmittel – Assistenten – sein. Gesundheit – seelische wie körperliche – ist analog. Gesunder Menschenverstand ist oft wirksamer als sogenannte künstliche Intelligenz. Wir brauchen hierüber eine öffentliche Diskussion und eine kritische Begleitung der Praxis. Oft* *steckt hinter Angeboten nur eine raffinierte Geschäftsidee, die eher schadet als nützt. Um insofern den Weizen von der Spreu zu trennen, wären vertrauenswürdige Zertifizierungsverfahren wünschenswert. Hier befinden wir uns erst ganz am Anfang. Auch hinsichtlich der Integration des Datenschutzes in die Sicherheit von Medizinprodukten besteht noch viel Luft nach oben."*

4 Use Cases im Active Assisted Living

4.1 Use Cases und User Stories

Wie bereits thematisiert, ist es im AAL-Umfeld von großer Wichtigkeit, dass verschiedene Systeme und Bereiche zusammenarbeiten. Da eine Vielzahl an Normen und Themenfeldern aufeinandertreffen, kann eine herstellerübergreifende Interoperabilität von Systemen und Komponenten nur realisiert werden, wenn „typische" AAL-Systeme oder -anwendungen identifiziert werden.

„Die Modellierung solcher typischen Anwendungsszenarien entspricht genau dem Konzept der anwendungsfallzentrierten Integrationsprofile, die im Bereich der Medizintechnik seit mehreren Jahren sehr erfolgreich eingesetzt werden, um eine Verbesserung der Interoperabilität komplexer heterogener IT-Systeme zu erreichen." [6]

Deshalb wird im AAL-Umfeld verstärkt mit konkreten Use Cases (Anwendungsfällen) und User Stories (Anwendererzählungen) gearbeitet und die Erarbeitung einheitlicher Templates für diese angestrebt. So lassen sich einzelne Use Cases clustern und Analysen leichter durchführen. Eine User Story beschreibt in Textform die Anwendung aus Sicht des Benutzers.

Aus mehreren User Stories lässt sich anschließend ein Satz an erforderlichen Use Cases ableiten, also eine detaillierte Ablaufbeschreibung aus der Perspektive der Akteure und Komponenten.

Das IEC System Committee AAL unterscheidet in seiner Arbeit einerseits zwischen fünf Use Cases-Kategorien und andererseits zwischen vier Unterstützungsstufen, wie in **Bild 4.1** zu sehen ist.

Die vier Unterstützungsstufen lauten demnach:

- Stufe 0: Kann eigenständig mit minimaler Unterstützung leben
- Stufe 1: Kann eigenständig leben, benötigt aber gelegentlich Unterstützung in gewissem Umfang
- Stufe 2: Benötigt eine permanente Unterstützung bei den instrumentellen Aktivitäten des täglichen Lebens, darunter beispielsweise die Nutzung von Verkehrsmitteln, die Entgegennahme von Anrufen, Einkaufen, Kochen, Putzen, Haushalt erledigen, Medikations- und Finanzmanagement usw.
- Stufe 3: Benötigt eine permanente Unterstützung bei den Aktivitäten des täglichen Lebens, darunter die grundlegendsten menschlichen

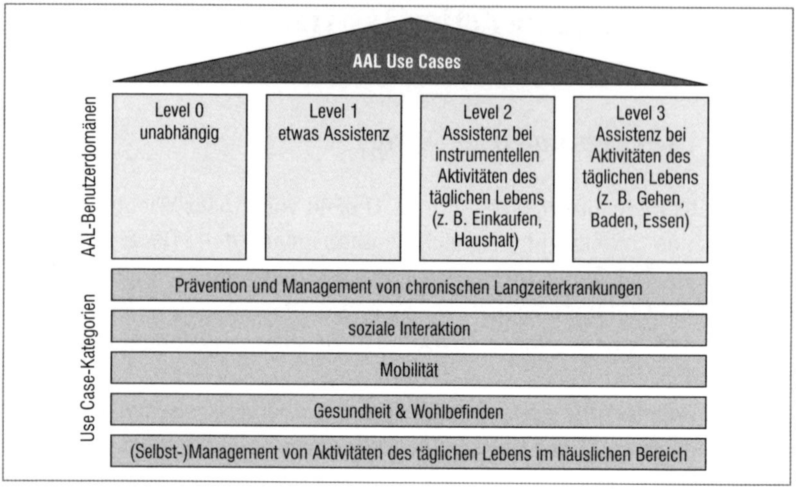

Bild 4.1 Unterstützungsstufen und Kategorien von Anwendungsfällen

Quelle: In Anlehnung an IEC International Electronic Commission, https://assets.iec.ch/further_informations/11827/SyCAAL%20SBP.pdf?0213T00

Aktivitäten wie Gehen und Bewegen, wenige Treppenstufen hochsteigen, Baden, Essen, Anziehen, Kontinenz, Körperpflege usw.

Um diese Unterstützungsstufen abzudecken, wurden für die AAL-Anwendungsfälle Kategorien definiert, wobei es jedoch zu Überschneidungen kommen kann. Eine Kategorie kann demnach für mehrere Unterstützungsstufen relevant sein. Die Kategorien decken folgendes ab [23]:

1. Vorsorgemaßnahmen und Behandlung von chronischen Gesundheitseinschränkungen

Hierzu zählt die allgemeine Vorsorge, die für eine frühe Erkennung und wirksame Behandlung von chronischen Langzeiteinschränkungen sorgen soll.

Für Personen mit bekannten Risikofaktoren und/oder chronischen Langzeiteinschränkungen bedarf es der Bereitstellung von adäquaten AAL-Lösungen. Durch Zurverfügungstellung von präzisen Informationen für das medizinische Fachpersonal soll sowohl eine Verbesserung von ärztlichen Verschreibungen als auch eine entsprechende Therapietreue herbeigeführt werden.

Nicht zuletzt bedarf es der kontinuierlichen Förderung des Wohlbefindens von Menschen mit chronischen Einschränkungen und deren Lebensumfeld (Angehörige, Pflegekräfte, Pflegesystem, Dienstleister, Nachbarn usw.)

2. Gesellschaftliche Teilhabe

Menschen jeden Alters sollen sowohl aus gesellschaftlicher als auch aus individueller Sicht aktiv zufrieden und in die Gesellschaft eingebunden leben können, weil dies einen wichtigen Beitrag zu ihrer Gesundheit, ihrer gesamten Lebensqualität und zu gesellschaftlicher Inklusion leistet.

An dieser Stelle gelangen insbesondere solche Systeme zum Einsatz, die zur Wahrung gesellschaftlicher Kontakte bzw. Vernetzung sowie zum Wissenstransfer geeignet sind.

3. Mobilität

Mobilität (Orientierung und Navigation) ermöglicht Menschen die Fortbewegung in der Wohnung und im Wohnumfeld und umfasst zugleich die Bereiche Transport und Reise.

Zum Einsatz gelangen alle Systeme, die für mobile Vorgänge nützlich sind, z. B. Mobilitätshilfen, Sicherheit und Schutz unterwegs, Transport oder Informationen über die Witterungsbedingungen.

4. Gesundheit und Wohlbefinden

Im Zentrum stehen Gesundheit und Wohlbefinden sowie die Förderung einer gesunden und widerstandsfähigen Gemeinschaft.

Angezeigt ist daher eine hinreichende Vorsorge gegen nachlassende Funktionalität und Gebrechlichkeit. Gleichzeitig braucht es die Ermöglichung von betreutem Wohnen und den Ausbau nachhaltiger Pflegemodelle.

5. (Selbst)-Management der Alltagsaktivitäten in der Wohnung

Hierzu zählen im Wesentlichen die Förderung von betreutem Wohnen und die Unterstützung von Menschen bei der Bewältigung ihrer Alltagsaktivitäten in der Wohnung. So können Menschen länger unabhängig leben, mit so wenig (professioneller) Hilfe wie möglich auskommen und Kontrolle über Entscheidungen, Ausstattung und Hilfsleistungen behalten.

Dieser Bereich beinhaltet alle Techniken und Systeme, die dem Anwender im Alltag eine Hilfestellung bieten können (z. B. ein Management-System, ein Kalender oder ein Erinnerungssystem oder ähnliche Unterstützungssysteme).

Ferner zählen dazu jegliche technische Hilfsmittel wie Fallerkennung und -prävention, Umgebungssensoren oder Bedienteile, Alarm- und Ortungssysteme. Nicht minder von Bedeutung ist die Unterstützung des Pflegepersonals bei der Ausübung der Betreuungstätigkeiten.

6. Sicherheit

In diesen Bereich fallen beispielsweise Rollatoren oder Rollstühle mit Notrufsystemen, multimediale Geräte, die sich mittels Gesten oder Worten bedienen lassen, Körpersensoren, die z. B. bei Stürzen eine vordefinierte Vertrauensperson alarmieren (Beispiel: *Aide-Moi*), Sensoren im Boden der Wohnung, die gehende von liegenden Personen unterscheiden können und im Notfall Alarm schlagen (Beispiel: *SensFloor*) sowie intelligente Kleidung/Wearables (Stichwort Prävention), z. B. Diabetikerstrümpfe, die die Temperaturentwicklung an den Füßen messen.

7. Gebäudeautomation

Der große Vorteil eine Gebäudeautomation besteht insbesondere darin, dass sich Nutzer bei einer optimalen Einrichtung kaum mehr mit dem System befassen müssen. Verschiedene Smart-Home-Produkte lassen sich in AAL-Umgebungen einsetzen, auch wenn sie nicht speziell dafür konzipiert wurden (Bsp.: Funksteckdosen oder smarte Kippschalter → Leuchten einstecken, um sie dann per Fernsteuerung an- und abzuschalten.)

Darüber hinaus zählen hierzu intelligente Türklingeln, z. B. mit eingebauter Kamera für gehbehinderte Personen (Smartphone mit App als mobile Gegensprechanlage inklusive Livebild), elektronische Türschlösser, die sich per Sprachbefehl öffnen lassen, intelligente Licht-/Klimasteuerung, Rollläden, Heizkörper sowie Saug- und Rasenmäherroboter.

8. Robotik

Sogenannte soziale Roboter sind sensomotorische Maschinen, die für den Umgang mit Menschen oder Tieren geschaffen wurden und ihren Besitzern vor allem durch Kommunikation und soziale Interaktion helfen sollen.

Die Vorteile der sozialen Roboter sind vielfältig. Indem sie für eine verstärkte Autonomität sorgen, zahlen sie auf das zentrale Ziel ein, Unabhängigkeit zu ermöglichen und Menschen mit besonderen Bedürfnissen zu mehr Handlungsfähigkeit im Alltag zu verhelfen.

Ihr Einsatz erleichtert die Telekommunikation und bietet ein höheres Ausmaß an Interaktivität, Unterhaltung und Kommunikation, denn er erfordert wesentlich mehr Mensch-Mensch-Interaktion.

Soziale Roboter lassen sich in ein Smart-Home-System einbinden und mit Messsystemen diverser Gesundheitsparameter verknüpfen. Wichtig: Nutzer dürfen den Einsatz sozialer Roboter nicht als Form der Überwachung sehen, sondern als Stütze und Wegbegleiter im täglichen Leben.

Ihre Inanspruchnahme hängt stark von den individuellen Anforderungen der Betroffenen ab, exemplarisch zu nennen sind Notfallhilfe, Alarmsysteme, Erinnerungsstütze für Termine und Medikamenteneinnahme.

Oftmals als Hürde betrachtet werden unter anderem die Kosten, vgl. IFR (International Federation of Robotics), VDE-Studie *„Mein Freund der Roboter“* 2011, Studie *„Ambient Assisted Living: Zuhause 4.0 statt Altersheim“* der Senioren-Online-Plattform feierabend.de, Studie *„Altersgerechtes Wohnen im Smart Home“* von finanzen.de, und die technologischen Anforderungen – weitflächiger, effektiver Einsatz, vgl. Studie *„Potential of Robotics for Ambient Assisted Living“* des OFAI und Raltec, die die Themen Konfigurierbarkeit, Anpassungs- und Bewegungsfähigkeit, Wahrnehmung und Zuverlässigkeit aufgreift. Aber auch ethische Fragen spielen eine Rolle – lassen sich Pflege und medizinische Versorgung in die Hände von Maschinen legen? Werden Einfühlungsvermögen und emotionale Fürsorge gewahrt? *Andreas Kruse*, Direktor des Instituts für Gerontologie der Universität Heidelberg und Mitglied des Deutschen Ethikrates, erläutert hierzu: *„Ein größeres ethisches Problem entsteht dann, wenn ein (humanoider) Roboter eingesetzt wird, um Kontaktdefizite zu kompensieren; dabei liegt dieses ethische Problem aber nicht in der Anwendung des Roboters selbst, sondern in der Art und Weise, wie in diesem konkreten Fall Beziehungen gestaltet werden, was auch als Appell an unsere Gesellschaft zu verstehen ist. Nämlich mehr für die Integration und Partizipation von vereinsamten Menschen zu tun.“*

Beispiele für soziale assistive Roboter im AAL-Umfeld sind *Personal Service Robot*, *Companion Robot* oder *Personal Care Robot* – teilweise bereits etabliert kommen in der Praxis zum Einsatz Robear (Japan), Robocare mit Care-O-Bot (Fraunhofer-IPA), Human Support Robot (Toyota), Pepper (Softbank Robotics), Home Care Robot (Medisana), Buddy (Blue Frog Robotics), Paro (Hasbro), Pria (Pillo Health und Stanley Black & Decker)

9. Künstliche Intelligenz

Der Begriff Künstliche Intelligenz (KI) wird gemeinhin mit folgenden Objekten assoziiert: Smartphones mit Spracherkennung, selbstfahrende Autos, Chatbots. Doch KI lässt sich in nahezu allen Lebensbereichen einsetzen – auch in der Pflege. Sprachassistenten wie Alexa oder Google Home sind beispielsweise in der Lage, Glühbirnen zu bedienen, Musik abzuspielen, Rollos herunterzulassen, Anrufe zu tätigen, Einkäufe zu erledigen und Lebensmittel nach Hause liefern zu lassen. Das Forschungsinteresse auf diesem Gebiet die Fähigkeit, Menschen mit körperlichen oder geistigen Beeinträchtigungen im Alltag zu unterstützen. Feststeht, dass die Technik nur dann als hilfreich bewertet werden kann, wenn sie die Gelegenheit dazu erhält, sich auf den Menschen einzustellen.

Für weiterführende Informationen zur robotergestützten Pflege, insbesondere zur Forschung und Ausbildung in diesem Feld empfehlen wir den folgenden Artikel, der im Januar 2021 in der Süddeutschen Zeitung erschienen ist: https://www.sueddeutsche.de/karriere/ki-forscher-maschine-mit-gefuehl-1.5185022.

Im Folgenden werden verschiedene Use Cases vorgestellt, die einen guten Überblick über das AAL-Umfeld bieten. Diese werden so auch im „Achte[n] Altersbericht der Bundesregierung: Ältere Menschen und Digitalisierung" beschrieben [24].

4.1.1 Use Case Pflege

Kurzbeschreibung

Eine ältere Dame lebt in einer Demenz-Wohngemeinschaft, in der sich Bewohner gegenseitig unterstützen und Roboter in die Alltagsbewältigung integriert werden.

- AAL-Unterstützungsstufe: 2
- Use Case-Kategorien: Prävention, soziale Interaktion, Mobilität, Gesundheit, Management der Alltagsaktivitäten
- Geografischer Kontext: Zuhause
- AAL-Geräte: Roboter

User Story

Frau Schramm lebt seit einem Jahr in einer Demenz-WG. Wenn sie wach wird, steht sie auf und geht in die Küche. Das ist immer ihr erster Gang, unabhängig von der Tageszeit. Begleitet wird sie dabei von Robbi, einem mobilen sozialen Roboter, dem sie Fragen stellen und mit dem sie sogar einen kleinen Plausch halten kann, der aber vor allem darauf achtet, dass sie sich nicht in Gefahr bringt. Möchte Frau Schramm nachts die Küche betreten oder die Wohnung allein verlassen, unterbreitet Robbi ihr den Vorschlag, sich nochmal hinzulegen und zu schlafen oder einen anderen Bewohner – gegebenenfalls virtuell – beim Verlassen der Wohnung mitzunehmen. Er benachrichtigt eine Pflegekraft, falls sie sich von ihrem Vorhaben nicht abbringen lässt. Den zehn Bewohnerinnen und Bewohnern stehen insgesamt fünf mobile Roboter zur Verfügung, die alle mit Namen anzusprechen sind und sich anhand ihrer Gestaltung und ihres Verhaltens unterscheiden lassen. Da sie sogar imstande sind, Witze zu erzählen, Lieder zu singen und als Spielpartner zu fungieren, vor allem aber weil sie sehr geduldig, stets freundlich und nie gestresst wirken, erfreuen sie sich großer Beliebtheit. Wenn die Bewohnerinnen und Bewohner zusammen kochen, assistieren die Roboter, indem sie diese mit Rezepten versorgen, und durch die einzelnen Zubereitungsschritte einer Mahlzeit führen. Für die Bewohnerinnen und Bewohner bedeutet dies ein Zugewinn an Lebensqualität. Gleichzeitig profitiert auch die Pflegekraft davon. Da diese von gewissen Tätigkeiten entlastet wird, gerät sie bei der Verrichtung ihrer Arbeit weniger unter Zeitdruck, in der Folge bleibt ihr zudem mehr Zeit und Raum, um beispielsweise Gespräche führen zu können.

Neben Frau Schramm lebt auch Herr Martin in der WG. Aufgrund seiner fortgeschrittenen Demenz kann er sein Bett kaum noch verlassen. Es ist ihm daher auch nicht möglich, an den gemeinsamen Aktivitäten, wie dem Kochen, teilzunehmen. Sein mobiles Bett und ein integriertes Exoskelett sorgen jedoch für eine regelmäßige Bewegungsunterstützung. So kann er in die Küche bewegt werden, das Geschehen beobachten und die Stimmen der Mitbewohnerinnen und -bewohner vernehmen. Die Pflegekräfte versuchen anhand der Aufzeichnung von Vitalparametern und Gehirnaktivität von Herrn Martin abzuschätzen, ob er den Aktivitäten noch folgen kann und will.

Die Erinnerung an Vergangenes lebendig zu halten, ist besonders für Demenzkranke sehr wichtig. Um Herrn Martin bei Bedarf in seine Vergangenheit zurückzuversetzen, nutzen die Pflegenden eine VR-Brille sowie eine entsprechende Simulation, die sein damaliges Zuhause vor 30 Jahren darstellt.

4.1.2 Use Case Wohnen und Mobilität

Kurzbeschreibung

Ein alleinlebender älterer Herr weist körperliche Bewegungseinschränkungen auf, ist darüber hinaus jedoch physisch und mental aktiv und nutzt neben dem Rollator verschiedene weitere Assistenzsysteme, darunter einen smarten Sturzsensor mit Ortung, einen Bewegungssensor, einen automatischen Saugroboter, Use Case-orientierte und geregelte Beleuchtung sowie eine automatische Wähl- und Sprechfunktion, eine Sprachsteuerung für elektronische Assistenz- und Unterhaltungssysteme, eine VR-Brille zur Animation, Unterhaltung und Kommunikation.

- AAL-Unterstützungsstufe: 2
- Use Case-Kategorien: Prävention, soziale Interaktion, Mobilität, Gesundheit, Management der Alltagsaktivitäten
- Geografischer Kontext: Zuhause
- AAL-Geräte: Roboter, Sturzsensor, VR-Brille, Rollator
- AAL-Gateway: Kommunikationsschnittstelle und Verknüpfung der Komponenten
- AAL-Anwendungen und -services: Träger der Use Case-orientierten Algorithmen mit Analysen und Alarmfunktionen
- AAL-Plattform/Backend System: Anbindung an die Assistenzruf-Zentrale
- AAL-Informationssystem: Videotutorial für Animation und Unterhaltung, interaktive Sprachverbindung mit Leistungserbringern

User Story

Es klingelt an der Wohnungstür von Herrn Schulze – seine Tochter Anna kommt, um ihn zu waschen und anzuziehen; seit seiner Hüftoperation benötigt Herr Schulze hierbei Unterstützung. Anna erkundigt sich nach seinem Befinden und hilft ihm. Sie hat den Eindruck, dass ihr Vater heute fit ist und daher auch spazieren gehen kann und sollte. Mit dem Rollator ist er sicher unterwegs. Sein Smartphone begleitet ihn überallhin. Es ist mit einer Sturzsensorik ausgestattet. Außerdem kann er damit per Knopfdruck Hilfe holen, wenn nötig. Kurz nach seiner Entlassung aus dem Krankenhaus war er mit dem Rollator gestürzt, dadurch auch verwirrt und nicht dazu in der Lage, den Menschen, die ihm in dieser Situation zu Hilfe eilten, eine Auskunft zu geben. Auf seinem Smartphone dagegen bedarf es nur eines Knopfdrucks, um entweder einen Alarm auszulösen oder seine Tochter anzurufen. Diese kann ihn sodann orten, die Ortungsfunktion hat er freigeschaltet. Da Anna zwar in derselben Stadt wohnt, aber beruflich sehr eingespannt ist, erleichtert ihr die App, mit dem Vater verbunden zu bleiben. Eine weitere praktische Funktion ist, dass die App anzeigen kann, welche Wege barrierefrei sind. So traut sich Herr Schulze auch wieder, neue Routen auszuprobieren. Unterdessen saugt sein Haushaltshelfer Clean, ein Saugroboter, in seinem Zuhause. An dieser neuen barrierefreien Wohnung, in die Herr Schulze aufgrund seines Rollators umgezogen ist, hat ihn vor allem das Gesamtkonzept überzeugt. Der Boden ist mit Sturzsensoren ausgestattet, ein Notruf jederzeit erreichbar und sogar das Bett schlägt Alarm, sollte er sich zu lange nicht bewegen. Muss er in der Nacht zur Toilette, leuchtet automatisch ein schwach gedimmtes Licht ihm den Weg. Mittlerweile ist er gut mit den Systemen in seiner Wohnung vertraut. Dass er mit seinen technischen Systemen sprechen kann, überzeugt ihn dabei am meisten. So ist er nicht gezwungen, aufwendig Befehle einzugeben – es genügt zu sagen, was er möchte. Nachmittags setzt sich Herr Schulze seine VR-Brille auf und betritt eine Geschichtssimulation. Hierfür hat er sich mit seiner Enkeltochter Marie verabredet. Im Geschichtsunterricht ist die deutsche Wiedervereinigung das aktuelle Thema und beide besuchen virtuell die ehemalige Mauer in Berlin. Danach sehen sie sich virtuell die ersten PCs an. Herr Schulze ist sehr amüsiert über Maries Versuch, über die Computermaus mit dem PC zu sprechen.

4.1.3 Use Case Soziale Teilhabe

Kurzbeschreibung

Eine alleinlebende ältere Dame leidet unter körperlichen Gesundheitsproblemen und leichten kognitiven Einschränkungen, ist im Übrigen physisch aktiv und nutzt eine Quartierssoftware mit Gesundheitsfunktion sowie eine Lern-App, um ihre sozialen Kompetenzen zu erhalten und die kognitiven Fähigkeiten zu trainieren.

- AAL-Unterstützungsstufe: 2
- Use Case-Kategorien: Prävention, soziale Interaktion, Mobilität, Gesundheit, Management der Alltagsaktivitäten
- Geografischer Kontext: Zuhause
- AAL-Geräte: Tablet, PC
- AAL-Gateway: Kommunikationsschnittstelle
- AAL-Anwendungen und -services: Medikationsüberwachung und -erinnerung
- AAL-Informationssystem: Videotutorial für virtuellen Einkauf, interaktive Sprach-Lernplattform, virtuelle Nachbarschaftshilfe

User Story

7:30 Uhr: Frau Schmidt wacht auf, zieht sich an und geht in die Küche für die erste Tasse Tee. Sie bereitet sich ein Frühstück zu, liest die Zeitung und schaut auf ihrem Tablet nach aktuellen Angeboten der Nachbarschaftshilfe. Ein Spaziergang im Park um 10:00 Uhr spricht sie an, das Wetter ist schön und so meldet sie sich per Klick an, damit sie von zu Hause abgeholt wird.

Ein „Ping" erinnert sie an die Einnahme ihrer Medikamente nach dem Frühstück, die sie per Klick bestätigt. Früher hat sie die Einnahme oft vergessen und ist ganz durcheinandergeraten, ob sie die Tabletten nun genommen hat oder nicht. Nun ist sie froh, dass sie das jederzeit nachschauen kann und sogar erinnert wird.

Um 09:45 Uhr kommt Herr Meier, ein rüstiger Nachbar, der im Quartier als Technikbotschafter fungiert, um sie zum Spaziergang abzuholen. Als sie ihm erzählt, dass ihr das Einkaufen zunehmend schwerfällt, setzen sie sich zusammen an ihr Tablet und schauen sich ein interaktives Videotutorial an, in welchem beschrieben wird, wie sich Lebensmittel online bestellen lassen. Da Frau Schmidt das doch recht kompliziert findet und eigentlich auch gern das Haus verlässt, einigen sie sich darauf, dass sie einen Wunsch nach Einkaufsbegleitung ins digitale Quartiersnetz eingibt, sodass sich einer der dort engagierten Freiwilligen bei ihr melden kann. Nach dem Spaziergang, den sie mit einem gemeinsamen Mittagessen beenden, legt sie sich zu einem Mittagsschlaf hin. Sie wird jedoch kurz darauf vom Klingeln des Tablets geweckt – ihr Sohn ruft per Videoanruf an, um ihr mitzuteilen, dass er sie am Wochenende besuchen möchte. Da sie ihren Kalender und Medikationsplan für ihn freigegeben hat, ist er jederzeit bestens informiert und kann daher ein wenig sorgenfreier sein. Ihre Gespräche drehen sich nicht mehr überwiegend darum, ob sie ihre Medikamente eingenommen hat, sondern um interessante Zeitungsartikel, Freunde und Aktivitäten. Sie freut sich auf den Besuch.

Nun ist es Zeit für ihr Gedächtnistraining. Vor einigen Monaten hat Frau Schmidt damit begonnen, Spanisch zu lernen. Mit dem Tablet kann sie interaktiv kommunizieren. Es ermöglicht ihr, zu sprechen, zu hören, sie wird bei Fehlern korrigiert und hat Zugriff auf einen Chat, in dem sie sich auf Spanisch in einer Community austauschen kann. Dieses Mal berichtet ihr ihre spanische Freundin von Barcelona und da sie sehr kunstinteressiert ist, lässt sie sich online und in 3D durch das Picasso Museum führen. Das nächste Reiseziel steht fest!

4.1.4 Use Case Intelligente Wohnung für ältere Menschen

Konrad lebt in einer intelligenten Wohnung, die mit einem Telemonitoring-System ausgestattet ist, das ihn dabei unterstützt, seine biometrischen Daten sowie Aktivitäten zu überwachen. Die routinemäßige Überwachung reicht von Gesundheitschecks bis zur Haussicherheit. Ein intelligenter

Medikamentenschrank überwacht die Einhaltung der Medikamenteneinnahme. Bei Unregelmäßigkeiten werden Alarme ausgelöst, die sowohl seine Familie als auch die Zentrale des Wohnbereiches informieren. Eine kurze Reaktionszeit wird durch eine hervorragende organisatorische Infrastruktur gewährleistet. Seine Umgebung (die intelligente Wohnung für ältere Menschen) kümmert sich umfassend um alle Arten von Aktivitäten des täglichen Lebens. So wird die Hausarbeit von Mitarbeitern des Wohnhauses erledigt, Konrad kann sowohl Termine als auch die Haussicherheit im Allgemeinen und weitere Sachverhalte verwalten sowie über Videokonferenzen eine Beratung durch medizinisches Fachpersonal erfahren. In diesem Anwendungsfall treten folglich viele Akteure auf: Sowohl AAL-Nutzer, AAL-Pflegeempfänger, AAL-Dienstleister als auch verschiedene Gerätearten.

In diesem Zusammenhang sollte „*IADL*“ Erwähnung finden. „*IADL*“ ist die Abkürzung für „*instrumental activities of daily living*“ und bietet ein Assesmentinstrument zur Beschreibung von instrumentellen Alltagsfähigkeiten komplexerer Natur. Die „*IDAL*“-Skala nach Lawton und Brody dient der Erfassung von Alltagskompetenzen geriatrischer Patienten.

4.1.5 Use Case Personal Trainer

Frieda weist in letzter Zeit zunehmend einen reduzierten Allgemeinzustand auf. Es ist für sie beschwerlicher geworden, tagsüber aktiv zu sein. Die Hausarbeit stellt immer öfter eine große Belastung für sie dar. Ihr Arzt hat ihr ein kleines tragbares Gerät überlassen, welches über einen Aktivitiätssensor verfügt und ihre körperliche Aktivität aufzeichnet. Zusätzlich hat sie eine kleine Box erhalten, die an ihren PC angeschlossen und Videos wiedergeben kann, die Tipps zur Vereinfachung von Haushaltsaufgaben und täglichen Aktivitäten bereithalten. Außerdem wird ihr auf Basis der über sie gesammelten Daten ein auf sie zugeschnittenes Trainingsprogramm mit geeigneten Aktivitäten und Übungen vorgeschlagen. Ein paar Monate später fühlt sich Frieda spürbar fitter und sicherer bei ihren täglichen Aktivitäten. Für AAL-Pflegebedürftige kann es mitunter schwierig sein, die entsprechenden Geräte selbst einzustellen. Sie können hierbei von einem informellen Betreuer, dazu können auch Familienmitglieder zählen, Unterstützung erfahren.

4.1.6 Use Case Verhaltensüberwachung

Jane ist 85 Jahre alt und leidet an leichten kognitiven Beeinträchtigungen. Sie benutzt ein AAL-System, das neben 879 für sie potenziell gefährliche Situationen Veränderungen in ihren Verhaltensmustern erkennen kann. Lässt Jane zum Beispiel eine Pfanne auf dem Herd in der Küche für eine bestimmte Zeit unbeaufsichtigt, benachrichtigt das System sie, indem es eine Nachricht auf dem Fernseher anzeigt, den sie wahrscheinlich gerade ansieht. Sollte sie einmal zu Hause stürzen und nicht mehr aufstehen können, benachrichtigt das System automatisch einen Notrufdienst.

Bei Änderungen in ihrem täglichen Aktivitätsmuster wird eine Benachrichtigung an ihre Tochter geschickt, damit sich diese nach einer geeigneten Unterstützung umsehen kann. Die AAL-Pflegebedürftige kann weiterhin unabhängig leben, obwohl sie vergesslich wird und für einige der täglichen Aktivitäten Erinnerungs- und Benachrichtigungshilfen benötigt. Diese AAL-Pflegebedürftige fällt entweder in die Kategorie der Stufe 1 oder der Stufe 2 der Benutzerdomänen. Manchmal versäumt sie es, das Notwendige zu tun, um sich und ihre Wohnung sicher zu halten. Aus diesem Grund gelangen diverse Sensoren zum Einsatz, um sowohl die Sicherheit in der Wohnung als auch die Körperbewegungen der Nutzerin zu überwachen, sodass formelle und informelle Betreuer auf die jeweilige Situation und/oder etwaige Veränderungen reagieren können.

4.1.7 Use Case Einkaufs- und Ernährungsplaner

Michael ist 72 Jahre alt und lebt allein. Er leidet an einer leichten kognitiven Beeinträchtigung. Zudem gelingt es ihm nicht, sich gesund zu ernähren. Insbesondere die damit verbundenen Einkaufsaufgaben fallen ihm schwer. Aus diesem Grund hat sein Sohn einen neuen Einkaufsassistenten auf Michaels Smart-TV und Mobiltelefon installiert. Michael kann das System zur Organisation seiner Einkaufsliste nutzen. Der Assistent gibt zum Beispiel die Empfehlung ab, mehr Obst auf die Liste zu setzen. Das System lässt sich auch für Online-Bestellungen mit einem Hauslieferdienst nutzen. Die von ihm gekauften Artikel werden ihm nach Hause geliefert. Über ein intelligentes Ladesystem, zum Beispiel einen intelligenten Kühlschrank, erkennt und meldet das System darüber hinaus, wenn der Vorrat an bestimmten Lebensmitteln knapp wird. Geht beispielsweise das kohlensäurehaltige Wasser zur Neige, legt das System sodann einige Flaschen in den Einkaufswagen. Es kann auch mit einer Hausautomatisierungsinfrastruktur verbunden werden, um Erinnerungen auszugeben, wenn der Benutzer zwar eine Einkaufsliste zusammengestellt hat, aber nicht einkaufen gegangen ist.

4.1.8 Use Case Intelligentes Beleuchtungssystem

Takuji, 68, sieht in dunklen Räumen schlecht. Er besucht manchmal seinen Sohn Mamoru, in dessen Haus ein intelligentes Beleuchtungssystem installiert ist. Erkennt das System nach Einbruch der Dunkelheit die Anwesenheit eines Menschen, schaltet sich das Licht automatisch ein. Die Bewohner können das Ein- und Ausschalten auch über ihr Smartphone steuern, und der herkömmliche Schalter an der Wand wird nur in zweiter Linie benutzt. Eines Tages funktioniert der Sensor nicht, als Takuji die Treppe hinaufgeht. Als es dunkel wird, will Takuji das Licht einschalten. Er benutzt den regulären Ein- und Ausschalter an der Wand, doch dieser funktioniert nicht. Takuji ist ratlos. Es ist sehr schwierig für ihn, ohne Licht sicher die Treppe hinunterzugehen. Sein Enkel Shota, der sich unten befindet, kann das Problem auch nicht beheben, weil er kein Smartphone besitzt. Sie müssen Mamoru anrufen, der das System über eine App auf seinem Smartphone aus der Ferne bedient. Dieser Anwendungsfall zeigt ein mögliches Problem, auf das AAL-Nutzer stoßen könnten, wenn ein System nicht richtig funktioniert. Das Problem wäre besonders gravierend für diejenigen, die mit der Bedienung nicht vertraut sind. In diesem Use Case bestimmt das System den Betrieb automatisch auf der Grundlage der von den Sensoren gelieferten Informationen, und der Benutzer weiß nicht, wie er manuell einen anderen Betrieb auswählen kann. Die in solchen Situationen zur Verfügung stehenden Betriebsoptionen sollten im Voraus bedacht werden. Eine Visualisierung des Systemstatus wäre für die Benutzer ebenfalls hilfreich.

4.1.9 Use Case Querschnittslähmung

Ein Fahrradfahrer wird in der Innenstadt von einem Auto erfasst und schwer verletzt. In der Konsequenz ist er querschnittsgelähmt und kann nur noch seinen Kopf bewegen. Er will unter Betreuung durch seine Frau weiter zu Hause leben, benötigt allerdings technische Unterstützung, um noch möglichst viel im Alltag selbst und damit menschenwürdig zu erledigen. Das Haus wird mit Unterstützung des Schädigers und der Krankenkasse umgebaut. Technisch wird dabei auf ein Bussystem in Verbindung mit einer Mediensteuerung gesetzt. Alle nötigen elektrotechnischen Betriebsmittel (Türen, Rollos, Beleuchtung, Heizung, TV, Sprechanlage, Türöffner, ...) werden angebunden. Der Betroffene kann die Technik ausschließlich mit einem Kinn-Joystick bedienen. Hierfür bedarf es eines an seinem Rollstuhl angebrachten Smartphones mit entsprechender Umfeldsteuerungs-App. Mit dem Kinn-Joystick kann er die Oberfläche samt den entsprechenden Buttons bedienen, die auf seine Bedürfnisse hinsichtlich Größe, Farbe und Kontrast angepasst sind. Er kann also das Licht schalten und dimmen, Gäste empfangen, selbstständig über die Balkontür nach draußen fahren, TV sehen oder Musik hören, die Heizung auf Wohlfühltemperatur einstellen und vieles mehr. Alternativ kann auch die am Bett befindliche Saug-Blas-Steuerung als Steuermedium eingesetzt werden. Da im Haus auch Angehörige leben, lassen sich einzelne Elemente an die entsprechenden Bedarfe anpassen. So erkennt der Fußboden im Bad das Herannahen eines Rollstuhls und senkt die elektrisch höhenverstellbare Toilette vorübergehend ab. Diese technische Unterstützung gestattet es dem Betroffenen, möglichst viel eigenständig verrichten zu können. Gleichzeitig werden Pflegekräfte und Familienangehörige gerade auch in der Nacht entlastet.

4.1.10 Use Case Wohnkomfort

In einem betreuten Wohnen wird besonderer Komfort geschaffen. Die komplette Elektroinstallation wird mit einem Bussystem ausgestattet. Beleuchtung, Rollos, Heizung und vieles andere werden angebunden. Die besonderen Bedürfnisse der Zielgruppe, wie zum Beispiel Kontraste oder unterschiedliche Lichtfarben zu unterschiedlichen Tageszeiten, werden berücksichtigt. Sicherheitsfunktionen wie die Überwachung des Herdes werden ebenfalls integriert. Die Bewohner können damit zum Beispiel auf dem Sofa sitzend mittels Tablet die Heizung entsprechend ihrer Bedarfe einstellen, die Rollos herunterlassen oder ähnliches. Ihre inzwischen eingeschränkte körperliche Belastbarkeit wird adäquat berücksichtigt. Zum einen wird dadurch Betreuungspersonal reduziert, zum anderen wird Lebensqualität erreicht, weil vieles weiterhin selbstständig und damit auch diskret erledigt werden kann. Zusätzlich werden Körperfunktionen aus Sicherheitsgründen unauffällig registriert, zum Beispiel durch Wearables, kontaktsensitive Fußböden oder vergleichbares. Dabei haben eineerseits der Datenschutz, andererseits die Barrierefreiheit oberste Priorität.

4.2 Pflegeassistenzsystem – ein Beispiel aus der Praxis

Das vorliegende Buch erhebt den Anspruch, besonders praxisnahe Inhalte zu vermitteln. Im Folgenden soll daher mit *RafiCare*, einem digitalen und intelligenten Pflegeassistenzsystem aus Österreich, eine konkrete digitale Entlastung für die tägliche Praxis in der Pflege vorgestellt werden. An dieser Stelle danken wir Herrn Adrian Schneider von der Buildtelligent GmbH für die nachfolgenden Ausführungen.

Aufgrund des Pflegekräftemangels ist es von großer Bedeutung, dass in hochsensiblen Bereichen wie dem Pflegewesen alle verfügbaren Ressourcen gezielt eingesetzt werden. Darüber hinaus hat die Covid-19-Pandemie gezeigt, dass ein immer größer werdender Bedarf an Pflege und Betreuung mit immer kleiner werdenden Ressourcen nicht zu decken ist. Pflegebedürftige Menschen, die in einer solch dramatischen Situation auf Hilfe und Betreuung angewiesen sind, kommen dabei zu kurz und erfahren nicht die benötigte Unterstützung. Hinzu kommt die steigende Lebenserwartung und die damit verbundene kontinuierliche Zunahme älterer Menschen. Daher ist es wichtig, das Pflegewesen so zu verändern, dass sowohl das Pflegepersonal als auch pflegebedürftige Menschen davon profitieren. Gleichzeitig handelt es sich um einen Markt, der aus technologischer Sicht nur zu einem Bruchteil durchdrungen ist und daher großes Potenzial für Wachstum bietet. Diese Sachverhalte haben die Gründer der Buildtelligent GmbH veranlasst, zu handeln und eine Lösung zu entwickeln, die als Gesamtsystem einen Mehrwert für Pflegepersonal und pflegebedürftige Menschen liefert. Dabei dreht sich alles um die Mission, das Arbeiten und Altern in Pflegeheimen und betreutem Wohnen würdevoll, stressfrei und sicher zu gestalten.

Ziel ist es, mit der Komplettlösung *RafiCare*, die aus intelligenten Sensoren, Software sowie Digitalisierungsprozessen und automatischen Dokumentationen besteht, Pflegekräfte in ihrer täglichen Arbeit zu entlasten. Gleichzeitig kann die Sicherheit von pflegebedürftigen Menschen und Bewohnern von Pflegeheimen deutlich erhöht werden. Als Name für die Komplettlösung wurde *RafiCare* ausgewählt. Dieser ist von Rafael abgeleitet, dem Erzengel für emotionale und körperliche Heilung, Transformation und Geborgenheit.

RafiCare im Realeinsatz

Vor kurzem noch feierte Frau Schmidt ihren 86. Geburtstag mit ihrer Familie in ihrer kleinen, aber schönen Altbauwohnung. Durch einen Sturz im Badezimmer ist die betagte alleinstehende Dame nicht mehr in der Lage, für sich und ihren Haushalt allein zu sorgen, des Weiteren wird die Situation durch eine altersbedingte und voranschreitende Demenz verschlimmert. Deswegen fassen sie und ihre Familie den Entschluss, die Betreuung von

Frau Schmidt in die Obhut von Profis zu übergeben. Die Wahl fällt auf ein sich in der Nähe befindliches neues und modernes Pflegeheim. Das Heim verfügt über den neuesten Stand der Technik, jedes Zimmer ist mit dem intelligenten und innovativen Pflegeassistenzsystem *RafiCare* ausgestattet. Das Heim ist unter Bewohnern und Angehörigen sehr beliebt und gefragt. Die Sicherheit, die durch die verbaute Sensorik und die intelligente Software für die Bewohner gewährleistet werden kann, erfreut nicht nur diese, sondern auch die Angehörigen. Zudem wird das Personal durch *RafiCare* entlastet und unterstützt – ein Fakt, über den sich auch Herr Götz freut, der als Pflegekraft in der Station arbeitet, in der Frau Schmidt ihr Zimmer hat. Er ist begeistert, dass durch die automatische Dokumentation, die *RafiCare* bietet, mehr Zeit für zwischenmenschliche Aktivitäten bleibt. Er nutzt diese, um beispielsweise mit Frau Schmidt Schach zu spielen – etwas, für das unter anderen Umständen keine Zeit im stressigen Alltag eines Pflegeheimes vorhanden wäre.

In der Nachtschicht wird Herr Götz durch einen Alarm der Lichtrufanlage und eine Push- Benachrichtigung auf sein Diensthandy über einen Sturz im Zimmer von Frau Schmidt informiert. Sie ist bei einem Toilettengang gestürzt. Beim Versuch, den Sturz aufzuhalten, hat sie sich an den Wascharmaturen festgehalten und diese beschädigt. Ein selbstständiger Hilferuf war nicht mehr möglich. Durch den *R.Fall*-Sensor wurde der Sturz sofort gemeldet, das Personal konnte unmittelbar reagieren, Frau Schmidt zur Hilfe eilen und einen Wasserschaden verhindern.

RafiCare ist eine modulare Komplettlösung, die als Gesamtsystem verschiedene Herausforderungen des Pflegeberufs adressiert. Diese umfasst *R.Fall* (Sturzsensor), *R.Temp* (Körpertemperatursensor), *R.Vital* (Vitalwertemessung), *R.Room* (Raumsensor) sowie *R.Software* (Weboberfläche, Intelligenz und Schnittstellen hinter *RafiCare*).

Bild 4.2 zeigt die Funktionsweise von *RafiCare* auf.

R.Fall ist ein Sensorsystem zur Erkennung von möglichen Stürzen.

Die Sturzerkennung erfolgt dabei kontaktlos mittels eines an der Decke installierten Sensors. Dabei kann eine Fläche von ca. 20 m^2 abgedeckt werden. Mithilfe der automatischen Erkennung kann das Herbeirufen von Hilfe jederzeit gewährleistet werden, auch wenn die gestürzte Person selbst nicht in der Lage ist, den Notfall selbstständig zu melden. *R.Fall* schickt Meldungen an zuvor hinterlegte Kontakte, zum Beispiel Pflegekräfte oder zentrale Stellen. Zudem ist eine problemlose Anbindung an Lichtrufanlagen in Pflegeheimen möglich.

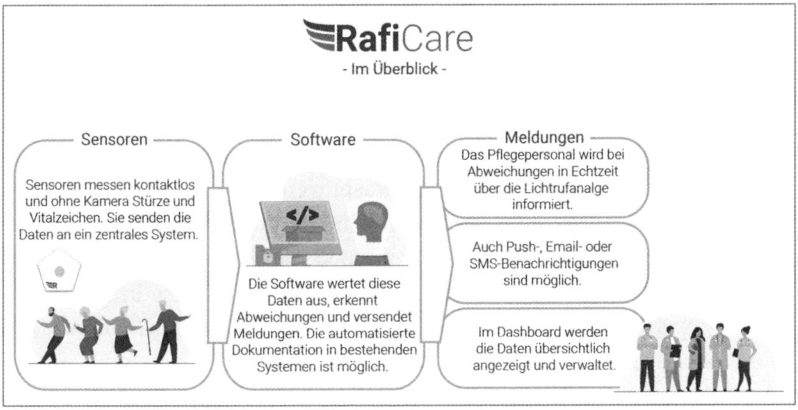

Quelle: Buildtelligent GmbH

Bild 4.2 Funktionsweise des digitalen und modularen Assistenzsystems *RafiCare*

R.Fall erfüllt alle Anforderungen zur Sicherstellung von Privatsphäre, Datenschutz und Sicherheit, da der Sensor keine Bild- und/oder Audioaufnahmen durchführt. Dabei werden ausschließlich vollständig pseudonymisierte Bewegungsaktivitätswerte in einem Raum erfasst und verschlüsselt an die Software übermittelt.

Durch die Covid-19-Pandemie wurde das mehrmals tägliche Messen der Körpertemperatur zu einem obligatorischen Prozess in vielen Pflegeeinrichtungen. Auch das Pflegeheim von Frau Schmidt schreibt diesen Prozess vor. Anstatt das Personal jedoch täglich durch alle Zimmer zu schicken, um die Körpertemperatur manuell festzustellen, wird die Messung mit dem Sensor *R.Temp* vollkommen automatisiert durchgeführt und in das Pflegedokumentationssystem übermittelt.

R.Temp zielt darauf ab, die Körpertemperatur von sich im Bett befindlichen Personen zuverlässig zu erkennen und auszuwerten. Dabei ist eine Anbringung an der Decke oberhalb des Bettes in bis zu 2,5 m Entfernung vom Bett möglich. Der Sensor liefert eine Genauigkeit von +/– 0,2 K. Hierfür arbeitet dieser Sensor mit einem FIR-Thermopile sowie einem PIR für Bewegungs-Trigger, sodass eine Messung nur erfolgt, falls sich ein Bewohner im Bett befindet. Die Temperaturdaten werden innerhalb der Software mit dem Ziel ausgewertet, bei Abweichungen vom Normalzustand eine Meldung abzusenden.

An Frau Schmidts Bett sowie an jedem anderen im Gebäude ist der Sensor *R.Vital* installiert. Dieser überwacht die Vitalwerte jedes Bewohners. Puls und Atemfrequenz sind aussagekräftige Vitaldaten zum körperlichen Zustand von Personen, durch den Einsatz eines sehr genauen Beschleunigungssensors können diese automatisiert erfasst werden, sobald sich ein Bewohner im Bett befindet. Anhand der gemessenen Werte werden Pflegekräfte bei Abweichungen informiert, zudem kann eine automatisierte Dokumentation im Pflegedokumentationssystem erfolgen. Darüber hinaus werden mit *R.Vital* Bewegungen von Frau Schmidt im Bett erkannt. Mithilfe dieser Information kann eine Dekubitusprävention umgesetzt werden.

Frau Schmidt ist sehr temperaturempfindlich und wünscht immer eine Zimmertemperatur von 20 °C. Um diese zu gewährleisten, befindet sich ein *R.Room* an der Decke. *R.Room* zielt darauf ab, in Räumen die besten Bedingungen zu schaffen, um ein „gesundes Klima" sicherzustellen. Alle im Raum wichtigen Sensoren sind hierbei in einem Gerät vereint. Dieses verwendet branchenführende Sensor-Fusionstechnologien für eine exakte Auswertung von Räumen. Luftqualität, Ventilation, Lichtverhältnisse, Luftfeuchtigkeit, Lautstärke werden permanent überwacht und über eine Schnittstelle zur Analyse in die Software gesendet.

Bei Bedarf, wie z. B. bei der Erkennung von schlechter Luftqualität oder einem zu hohen CO_2-Anteil, kann Herr Götz sofort reagieren und Frischluft zuführen. Die Verbreitung von Bakterien und Viren kann somit eingeschränkt werden, was gleichbedeutend eine Verringerung des Infektionsrisikos darstellt. Des Weiteren kann suboptimales Heiz- oder Lüftungsverhalten zu gesundheitsgefährdenden oder gar lebensbedrohlichen Situationen führen. Das gesamte Wohnraumklima spielt eine wichtige Rolle für die Gesundheit der Bewohner. Eine zu hohe Luftfeuchtigkeit kann zu Schimmelpilzbildung führen. Eine zu niedrige wiederum kann zum Austrocknen der Schleimhäute und damit zu Lungenschädigungen führen. **Bild 4.3** zeigt die einzelnen Module von *RafiCare* auf, die als Gesamtsystem verschiedene Herausforderungen des Pflegeberufs adressieren.

Vorteile für Pflegekräfte

Pflegekräfte profitieren in besonderem Maße von *RafiCare*. Durch die automatisierte Erfassung von Vitaldaten und anderen Ereignissen und deren automatisierter Dokumentation werden Prozesse digitalisiert, welche heute komplett manuell durchgeführt werden müssen. Das Messen der Körpertemperatur inklusive Dokumentation im entsprechenden System nimmt beispielsweise je Vorgang 6 bis 7 Minuten in Anspruch und wird pro Bewohner mehrmals wöchentlich durchgeführt. Zudem können auch automatische Reports oder Auswertungen erstellt werden. Diese zeitlichen Einsparungen ermöglichen es den Pflegekräften, sich stärker auf den sozialen

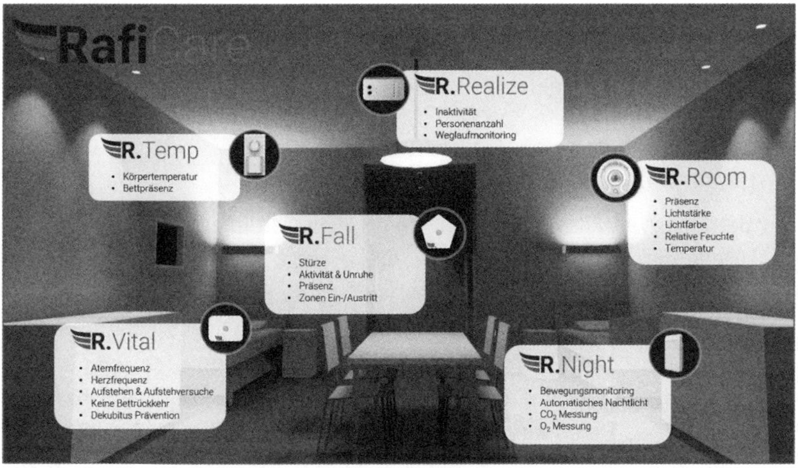

Quelle: Buildtelligent GmbH

Bild 4.3 *RafiCare* als modulare Komplettlösung besteht aus diversen einzelnen Komponenten

Austausch mit den Bewohnern fokussieren zu können. Dabei ist zu betonen, dass das übergeordnete Ziel der Entlastung der Pflegekräfte darin besteht, ihnen mehr Zeit für ihre eigentliche Aufgabe zu ermöglichen, nämlich den sozialen Kontakt mit pflegebedürftigen Menschen. Eine Rationalisierung von Arbeitsplätzen ist weder Ziel noch Zweck dieser Lösung.

Zudem verringert *RafiCare* die psychische Belastung der Pflegekräfte, da bestimmte Notsituationen, wie Stürze oder Abweichungen in den Vitaldaten, automatisiert erfasst und gemeldet werden, was ein schnelles Eingreifen ermöglicht. Insgesamt soll *RafiCare* als Assistenzsystem die Pflegekräfte entlasten und den Pflegeberuf im Allgemeinen aufwerten.

Vorteile für Bewohner von Pflegeeinrichtungen

Aus Sicht der Bewohner von Pflegeeinrichtungen bedeutet der Einsatz von *RafiCare* vor allem eine Erhöhung der Sicherheit. Da potenzielle Notsituationen automatisiert erkannt werden können, verringert sich die Gefahr, in einer solchen Situation keine Unterstützung zu erhalten. Dies ist nicht zuletzt zwischen den Rundgängen in der Nacht von Bedeutung. Dabei werden alle Anforderungen von Bewohnern berücksichtigt, insbesondere dass keine Sensoren am Körper getragen werden müssen und keine Kameras zum Einsatz kommen. Darüber hinaus führt die permanente Überwachung der klimatischen Bedingungen zu einem verringerten Infektionsrisiko sowie einem gesteigerten Wohlbefinden durch ein optimales Raumklima.

Insgesamt zielt *RafiCare* darauf ab, die Lebensqualität und Sicherheit der Bewohner von Pflegeeinrichtungen in ihrem letzten Lebensabschnitt zu steigern und ihnen mehr soziale Interaktion mit Pflegekräften zu ermöglichen.

Vorteile für Betreiber von Pflegeeinrichtungen

Für Betreiber von Pflegeeinrichtungen ergeben sich in erster Linie finanzielle Vorteile durch den Einsatz von *RafiCare* aufgrund der Arbeitseinsparungen bei den Pflegekräften sowie der verringerten Folgekosten von verhinderten Notsituationen. In diesem Kontext hat Buildtelligent gemeinsam mit einer Pflegeeinrichtung eine Wirtschaftlichkeitsrechnung für *RafiCare* erstellt, um die Vorteile für Betreiber zu quantifizieren. Die Daten basieren dabei auf realen Daten aus den Abläufen und Erkenntnissen der Pflegeeinrichtung. Bei diesen Untersuchungen wurde identifiziert, dass sich die quantifizierbaren Vorteile von *RafiCare* auf monatlich 124 EUR je Bewohner belaufen, falls eine Ausstattung mit allen beschriebenen Funktionen erfolgt. Dieser Vorteil verdeutlicht, dass *RafiCare* keine reine Investition aus Betreibersicht bedeutet, sondern einen bedeutenden wirtschaftlichen Nutzen mit sich bringt. Darüber hinaus wird die Attraktivität der Pflegeeinrichtung sowohl für Pflegekräfte als auch für Bewohner erhöht. Dies fördert bei allen Stakeholdern die Zufriedenheit sowie insbesondere bei den Pflegekräften die Motivation.

5 Technologien und Systemkomponenten

5.1 Überblick

AAL umfasst ein weites, stetig wachsendes Feld an Technologien und Systemkomponenten. Im Folgenden wird der Versuch unternommen, einen eingehenden Überblick zu schaffen, der jedoch keinen Anspruch auf Vollständigkeit erhebt. Loeschke et. Al schaffen in ihrem Leitfaden „Barrierefreies Bauen“ [25] mit folgender Einteilung eine erste Übersicht:

Sicherheit

- automatische Notrufsysteme, beispielsweise in Kombination mit Sturzmeldern und Falldetektoren,
- Einbruchsicherung,
- Gefahrenmeldung für Feuer, Wasser, Gas,
- gestaffelte Zugangskontrolle,
- zentrale Ausschaltung von Elektrogeräten beim Verlassen des Hauses oder bei Nacht,
- Notrufmelder (aktiv),
- Präsenzmelder,
- Lebenszeichen-Rückmeldung (Aufzeichnung von Verhaltensmustern und Auslösung von Alarm bei Abweichungen).

Komfort-Steuerungssysteme, Haushalt und Versorgung

- Fernsteuerungsfunktionen für Fenster, Beleuchtung, Jalousien, Küchen- und Haushaltgeräte, Unterhaltungselektronik,
- Hauskommunikationsfunktionen,
- Steuerung und Automation von Heizung und Klima,
- Beleuchtungsszenarien, beispielsweise Orientierungsbeleuchtung bei Nacht,
- Bedienblenden für Standgeräte (Waschautomaten, Trockner etc.),
- spezielle Werkstoffe für Herd, Backofen (Verhindern von Anhaftungen),
- Selbstreinigungsfunktion.

Autonomie

- Day-Time-Manager (Tagesablauf, Agenda),
- elektronisches Coaching (Becken-Boden-Gymnastik, Ernährungsunterstützung, Elektro-Rollator),

- Gedächtnistraining u. a.,
- Robotik,
- technische Hilfen aller Art.

Energiemanagement (Smart Metering)
- Einzelraumregulierung von Heizung und Lüftung,
- Kopplung von Komponenten: Fenster auf, Heizung aus,
- Sonnenschutzregulierung in Abhängigkeit von Sonneneinstrahlung,
- bedarfsgerechte Steuerung der Vorlauftemperatur,
- Erfassung und Auswertung von Verbrauchsdaten.

Soziale Interaktion und Kommunikation
- Videokonferenz, E-Mail, Bildtelefonie, Internet, soziale Netzwerke, Chat,
- elektronisches Coaching (Becken-Boden-Gymnastik, Ernährungsunterstützung, Elektro-Rollator).

Gesundheit und Versorgung
- personalisiertes Telemonitoring,
- Telemedizin,
- Aufzeichnung von Verhaltensmustern,
- Medikationsmonitoring,
- Unterstützung von Pflegeprozessen [26].

Wie bereits ausgeführt, sind viele dieser Punkte eng mit der Gebäudeautomation verknüpft. Die **Bilder 5.1** und **5.2** erläutern die Zusammenhänge.

Wie ebenfalls zuvor erwähnt, sind viele Dienste in Gebäuden nur mit moderner Elektroinstallation umsetzbar. Im Regelfall sind das Bussysteme,

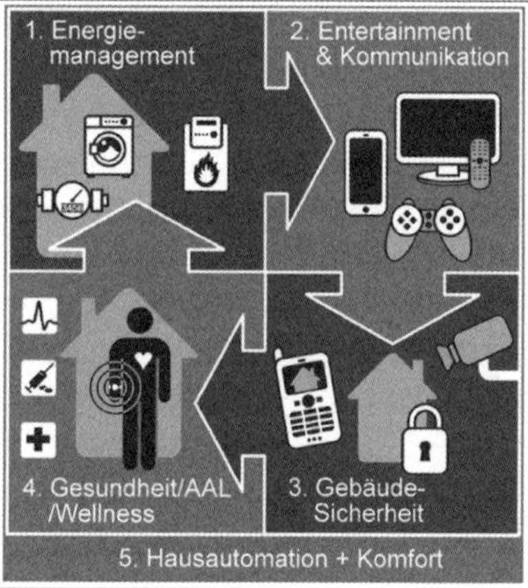

Quelle: DKE Deutsche Kommission Elektrotechnik Elektronik Informationstechnik in DIN und VDE

Bild 5.1 Das Zusammenspiel von Smart-Home-Anwendungen

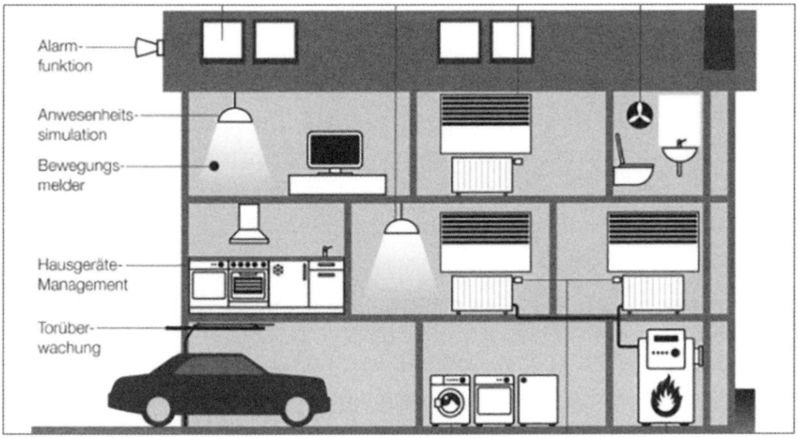

Quelle: DKE Deutsche Kommission Elektrotechnik Elektronik Informationstechnik in DIN und VDE

Bild 5.2 Die Systemkomponenten innerhalb der Gebäudeautomation

die die verschiedenen Komponenten intelligent verbinden und dem Betroffenen einfach und zentral Zugriff auf alle nötigen Technologien ermöglichen. Im Folgenden werden die dafür notwendigen Technologiebereiche näher beschrieben.

5.2 Grundlagen AAL-gerechter Elektroinstallation

Vorausschauende Planung ist das A und O einer AAL-gerechten Elektroinstallation. Die Planung sollte stets individualisiert auf die aktuellen wie auch später absehbaren Bedürfnisse der Nutzer angepasst sein, sodass bereits zum Zeitpunkt der ersten Installation eine mögliche Nachrüstung eines AAL-Wohnraums mitbedacht ist. Altersgerechter Umbau wird so einfacher, schneller umsetzbar und vor allem kostengünstiger. Um eine vorausschauende und barrierefreie Installation zu gewährleisten, empfiehlt es sich, folgende Grundlagen einer ALL-gerechten Elektroinstallation zu beachten.

5.2.1 Die Verwendung und Verlegung von Elektroinstallationsrohren

Die Elektroinstallation für Wohnungen, die AAL-gerecht ausgerüstet werden sollen, sollte mittels Elektroinstallationsrohren geschehen. Dies erleichtert nicht nur eine spätere Nachrüstung der Elektroinstallation (z. B. für Bedienhilfen oder Unterstützungssysteme), sondern ermöglicht auch eine Gebäudeautomation. Steuerung und Gebäudeautomation sollten in getrennten Rohren installiert werden und grundsätzlich in Anschlussdosen enden, die in der Nähe der vorgesehenen Einrichtung installiert sind. Zusätzlich sollten Elektroinstallationsrohre zu Fenstern und Türen verlegt werden, um auch deren Automation installieren oder später nachrüsten zu können. Jedoch muss diese Entscheidung gut überlegt, individuell nach Anwendungsfall betrachtet und mit einem Statiker abgestimmt sein.

5.2.2 Die Platzierung von Schaltern, Anschluss- und Steckdosen

Allgemein sollte die maximale Breite von Installationszonen genutzt werden, um eine weitestgehend barrierefreie Bedienung von Komponenten der Elektroinstallation zu ermöglichen.

Bei der Installation von Unterputzdosen für Steckdosen sollte die Breite der waagerechten Installationszonen nach DIN 18015-3 ausgenutzt werden, z.B. in einer Höhe von 40 cm über OFF (Oberkante Fertigfußboden), sodass Schalter und Steckdosen bequem zu erreichen sind. Die Achsmaße für die Anbringung von Schaltern und Steckdosen neben den Türen sollen hingegen im Bereich zwischen 85 cm und 105 cm über OFF liegen, abweichend von den Vorzugshöhen nach DIN 18015-3. Zu beachten ist auch ein für Rollstuhlfahrer ausreichender Abstand zu den Wänden (ca. 50 cm). Eine Reihung von Schaltern und Steckdosen sollte dabei ebenso vermieden werden, wie mehr als drei Schalter nebeneinander, um eine Verwechslung auszuschließen. Steckdosen sollten in ausreichender Anzahl vorhanden sein, in jeder Raumecke mindestens eine Doppelsteckdose. Die Installation von Schalterdosen mit größeren Montagetiefen erlaubt später das einfache Umrüsten von Schaltern gegen automatisch schaltende Präsenz- oder Bewegungsmelder.

Darüber hinaus müssen Schalter deutlich erkennbar, beispielsweise durch Beleuchtung, Orientierungslicht, Tastring oder kontrastreichem Hintergrund, und gegebenenfalls durch Fernsteuerung und auch in sitzender Position bedienbar sein.

5.2.3 Ausstattungsplanung

Es sollten nur solche Systeme und Geräte ausgewählt und installiert werden, die das VDE-Zeichen oder andere europäische Prüfzeichen tragen. Außerdem empfiehlt es sich, auf Serienprodukte zurückzugreifen, die unkomplizierte Wartung, Reparatur oder Austausch ermöglichen. Hilfreich sind hier die Empfehlungen der GGT (Deutsche Gesellschaft für Gerontotechnik).

5.2.4 Einbau einer Gebäudeautomation

Die Gebäudeautomation sollte mit Zusatzfunktionen für eine AAL-gerechte Wohnumgebung ausgestattet sein. Bei der Auswahl der Gebäudeautomation sollte darauf geachtet werden, dass keine Insellösungen für die zu automatisierenden Funktionsbereiche vorgesehen werden. Stattdessen sind übergreifende Systemlösungen auf der Basis von Bustechnik, wie z. B. KNX, für künftige Erweiterungen und Vernetzungen auch mit Blick auf eine eventuelle AAL-Umgebung gut geeignet.

5.2.5 Stromkreise und Stromkreisverteiler

Anschlüsse elektrisch betriebener Assistenzsysteme (z. B. Treppenlifte, absenkbares WC oder fernbedienbare Fenster) können unterschiedliche Stromkreise und damit zusätzliche Gerätestromkreise erforderlich machen. Die Anzahl der aus einem Stromkreis versorgten Steckdosen sollte begrenzt sein. Um beim Ausfall eines elektrischen Gerätes oder Licht nicht die gesamte elektrische Anlage eines Bereiches zu gefährden, sollten Beleuchtungs- und Steckdosenkreise sowie Alarmsysteme für jeden Nutzungsbereich aus verschiedenen Stromkreisen gespeist werden, zusätzlich geschützt durch FI/LS-Schaltern.

Für den Stromkreisverteiler bedeutet dies, dass genügend Reservemöglichkeit vorhanden ist. Dies ermöglicht eine Nachrüstung von Einbaugeräten für Überstromschutz, Überspannungsschutz, Personenschutz und Brandschutz. Der Stromkreisverteiler muss an zentraler Stelle in der Wohnung installiert werden [26].

5.3 Software

Grundlage moderner Systeme ist üblicherweise Software. Diese kann eine vom Betroffenen zu bedienende Oberfläche sein, eine im Hintergrund wirkende Logik, ein Gateway oder eine für die Funktion eines einzelnen Gerätes nötige Applikation.

AAL-Technologien sind in der Regel nutzerzentriert, also auf den Menschen ausgerichtet. Die Technik passt sich folgerichtig an die Bedürfnisse der Nutzer an und nicht umgekehrt. So ist auch eine Personalisierung der Software im AAL-Bereich unumgänglich. Endanwender sollten damit beim Entwurf und besonders auch beim Laufzeitverhalten in den Fokus gerückt werden. Das letztendliche Verhalten der Software wird erst durch die Berücksichtigung der zur Laufzeit aktuellen, gegebenenfalls komplexen Anforderungen und Bedürfnisse eines Nutzers bestimmt.

Auch wenn in der Praxis häufig Mischformen existieren, wird grundlegend zwischen adaptierbarer und adaptiver Software unterschieden:

- adaptierbar sind Programme, die die Nutzer durch bestimmte Vorgaben an die jeweiligen Präferenzen anpassen können,
- adaptiv sind Systeme, die die Anforderungen der Endanwender selbsttätig lernen und geeignete Anpassungen durchführen [27].

Es gibt verschiedene Arten von Software, die im Kontext von Active Assisted Living (AAL) eingesetzt werden können. Einige Beispiele sind:

- Ambient-Assisted-Living-Plattformen (AAL-Plattformen): Diese Software-Plattformen integrieren verschiedene Technologien wie Sensoren, Aktuatoren und Kameras, um ein intelligentes Umfeld für ältere Menschen zu schaffen. Die Plattformen ermöglichen es, Gesundheits- und Aktivitätsdaten zu sammeln und auszuwerten, um individuelle Unterstützung und Betreuung zu bieten.
- Gesundheits- und Fitness-Apps: Es gibt eine Vielzahl von Apps, die ältere Menschen bei der Überwachung ihrer Gesundheit und Fitness unterstützen. Diese Apps können beispielsweise helfen, den Blutdruck zu messen, Medikamentenerinnerungen zu senden oder Bewegungs- und Schlafdaten zu verfolgen.
- Notrufsysteme: Notrufsysteme ermöglichen älteren Menschen, im Falle eines medizinischen Notfalls schnell Hilfe zu rufen. Die Systeme können entweder als eigenständige Geräte oder als Teil einer AAL-Plattform eingesetzt werden.
- Kommunikations- und soziale Netzwerk-Tools: Diese Tools können älteren Menschen helfen, in Kontakt mit Familienmitgliedern, Freunden und anderen Personen zu bleiben. Sie ermöglichen auch den Austausch von Informationen und die Teilnahme an sozialen Aktivitäten.
- Virtuelle Assistenzsysteme: Virtuelle Assistenten können ältere Menschen bei verschiedenen Aufgaben unterstützen, z. B. bei der Terminplanung, der Navigation oder dem Einkaufen. Sie können zudem bei der

Überwachung von Gesundheits- und Aktivitätsdaten helfen und bei Bedarf medizinische Unterstützung anfordern.

Es gibt zahlreiche Anbieter solcher Software, und die Auswahl hängt oftmals von den spezifischen Bedürfnissen und Anforderungen der Nutzer ab. Im AAL-Umfeld liegt der Fokus auf sogenannten serviceorientierten Architekturen (SOA, engl. service-oriented architecture). Serviceorientierte Softwarearchitekturen sind eine Art der Architektur für Softwaresysteme, bei welcher Dienste (engl. services) als lose gekoppelte, wiederverwendbare Komponenten betrachtet werden. Diese Dienste können innerhalb einer Organisation oder zwischen verschiedenen Organisationen genutzt werden und sind in der Regel über ein Netzwerk miteinander verbunden.

SOA basiert auf der Idee, dass Anwendungen als Zusammensetzung von Diensten betrachtet werden sollten, die über standardisierte Protokolle und Schnittstellen miteinander kommunizieren. Diese Dienste können auf verschiedene Arten bereitgestellt werden, zum Beispiel als Webdienste oder als RESTful Services. Eine wichtige Eigenschaft von SOA ist die lose Kopplung zwischen den Diensten. Das bedeutet, dass Änderungen an einem Dienst keine Auswirkungen auf andere Dienste haben sollten. Dadurch können Dienste unabhängig voneinander entwickelt, getestet und bereitgestellt werden. Serviceorientierte Softwarearchitektur wird bei Active Assisted Living (AAL) genutzt, um eine flexible und interoperable Systemarchitektur zu schaffen. Durch die Nutzung von standardisierten Service-Schnittstellen können verschiedene AAL-Systeme miteinander kommunizieren und Daten austauschen. Das ermöglicht eine nahtlose Integration verschiedener Technologien und Dienste in das AAL-Ökosystem.

Konkret kann serviceorientierte Softwarearchitektur im AAL-Kontext beispielsweise genutzt werden, um verschiedene Systeme zur Erfassung von Vitaldaten oder Bewegungsmustern miteinander zu vernetzen und eine einheitliche Schnittstelle zur Anwendungsentwicklung zur Verfügung zu stellen. Auch die Integration von verschiedenen Assistenz- und Monitoringdiensten, wie z.B. Notrufsystemen oder Sturzerkennung, kann über SOA-Service-Schnittstellen realisiert werden.

Durch die Nutzung von SOA kann somit ein interoperables, skalierbares und flexibles AAL-System geschaffen werden, das sowohl von Nutzern als auch von Entwicklern einfach zu nutzen und zu erweitern ist. SOA hat noch weitere Vorteile, darunter eine verbesserte Flexibilität und Agilität, da Dienste schnell hinzugefügt oder entfernt werden können, um auf sich ändernde Anforderungen zu reagieren. Außerdem ermöglicht SOA die Wiederverwendung von Diensten, was die Entwicklungskosten senkt und die Effizienz verbessert [28].

5.4 Bussysteme

Bussysteme stellen eine Form der Vernetzung von Sensoren und Aktoren dar, wie sie in der Hausautomation Anwendung finden, um einen raschen Austausch von Daten zwischen den Systemkomponenten zu gewährleisten. Der Begriff meint die Verbindung der physischen Übertragung via Funk oder Leitung mit den dazugehörenden spezifischen Protokollen [29].

Typologisch unterscheidet man zwischen kabelungebundenen und kabelgebundenen Bussystemen. Zu Ersterem zählen Funkverbindungen in den Frequenzbereichen von 2,4 GHz (Zigbee, Bluetooth, WLAN) und 868 Mhz (Homeatic, LoRa). Solche Systeme werden verwendet, wenn Umbauarbeiten an der Verkabelung nicht möglich sind, z. B. in einer Mietwohnung. Problematisch werden kabelungebundene Systeme, wenn diese in einem Frequenzspektrum kommunizieren, das in der Umgebung sehr frequentiert genutzt wird. Dann können solche Systeme anfälliger für Fehler sein. Es wird empfohlen, entsprechende Tests durchzuführen, bevor ein System zur Anwendung gelangt. Es gibt viele herstellerbezogene Systeme, die aber nur teilweise angebunden werden können, weil nur wenige über eine API verfügen.

Ein kabelgebundenes System kann direkt beim Bau/Umbau des Hauses fest installiert werden, so können mit zusätzlichen Leitungen auch Vorkehrungen für spätere Nachrüstungen getroffen werden. Verlegte Kabel sind im Vergleich zu Funkverbindungen sicherer, da physischer Zugriff auf den Bus erlangt werden muss. Beispiele für Bussysteme in der Gebäudeautomation sind die Standards DALI (Digital Addressable Lighting Interface, DIN EN IEC 62386-216) und KNX (ISO/IEC 14543-3).

Eine weitere Möglichkeit sind Powerline-Systeme, die vorhandene Stromleitungen nutzen, um darüber im Wege des Frequenzmultiplex Daten zu übertragen. Hier kann es durch verschiedene Einflüsse ebenfalls zu Störungen kommen. Auch an dieser Stelle empfiehlt sich die vorherige Durchführung entsprechender Testungen. Wie bei der Funklösung besteht auch bei Powerline die Gefahr, dass bestehende Systeme später (auch wenn sie über längere Zeit bereits gelaufen sind) durch Störungen beeinträchtigt werden, die im Haus oder extern entstehen. Im Haus kann das bei Powerline

z. B. ein defekter Transformator für eine Beleuchtung sein, extern kann ein benachbarter Gewerbebetrieb in neue Geräte investieren. Jedoch verliert Powerline aufgrund von Performanceproblemen immer mehr an Bedeutung.

Grundsätzlich müssen alle Geräte in einem Bussystem miteinander verbunden sein. Dies geschieht entweder, indem wie bei kabelgebundenen Systemen alle direkt an einer Leitung verbunden werden, oder indem alle Geräte in einem Mesh-Netzwerk verbunden werden, wie es in kabelungebundenen Systemen der Fall ist.

Es lassen sich *parallele* von *seriellen* Bussen unterscheiden: Bei einem seriellen Bus wird die zu übertragende Information in ihre kleinsten Einheiten (z. B. einzelne Bit) aufgeteilt. Diese werden über nur eine Signalleitung nacheinander gesendet.

Bei einem parallelen Bus gibt es mehrere Signalleitungen, z. B. acht an der Zahl, sodass immer ein Informationspaket (hier z. B. 1 Byte) gleichzeitig gesendet werden kann. Die Signalleitungen müssen im selben Takt bleiben und gleich lange Signallaufzeiten besitzen; durch ihren gemeinsamen Verlauf droht Übersprechen. Ein paralleler Bus besteht im Wesentlichen aus einer Anzahl nebeneinander verlaufender Signaladern, auf denen synchronisiert Informationen übertragen werden können, und an denen mehrere Komponenten angeschlossen sind. Die Anzahl der nebeneinander verlaufenden Leitungen nennt man auch Breite des Busses – sie ist im Allgemeinen gleich der Anzahl der Bits, die ein Bus gleichzeitig übertragen kann.

Bei der Auswahl eines Bussystems ist auf folgende zwei Parameter zu achten:

- handelt es sich um ein parametrierbares oder ein programmierbares Bussystem,
- handelt es sich um ein herstellerspezifisches oder ein neutrales Bussystem.

Parametrierbare Bussysteme erlauben dem Systemintegratoren lediglich, einzelne vom Produkthersteller vorgegebene Auswahlmöglichkeiten zu nutzen. Das ist analog dem Menü eines TV-Gerätes, das für das Bildformat sowohl 4:3 als auch 16:9 kann. Der Anwender kann dann nicht 7:5 wählen, weil dies im Dropdown-Menü nicht vorgesehen ist. Bei programmierbaren Systemen kann der Systemintegrator beliebige Varianten vornehmen, allerdings bestehen in diesem Fall sehr schnell rechtliche Problematiken im Bereich Urheberrecht und geistiges Eigentum. Man muss deshalb stets die Überlegung anstellen, ob nicht doch vorgefertigte Varianten genügen. Andernfalls sollte man zumindest bei der Vertragsgestaltung darauf achten, dass bei einem programmierbaren System der Integrator auch die Rechte an der Programmierung an den Investor überträgt.

Die heutigen Systeme eignen sich besonders gut, um auch in der Renovation über eine API-Schnittstelle eine Anbindung an ein AAL-System zu bekommen.

Auf dem deutschen Markt gibt es verschiedene miteinander konkurrierende „Familien“ von Hausbussystemen (bei Feldbussen der Gebäudeautomation), die eine Anbindung von Sensoren und Aktoren der Gebäudeautomation an AAL-Systeme ermöglichen. Einer der bekanntesten Feldbusse ist KNX als Nachfolger der Feldbusse Europäischer Installationsbus (EUB), BatiBus und European Home Systems (EHS) [30]. Der KNX-Standard ist ein offener Standard, dem sich mittlerweile mehr als 400 Firmen weltweit angeschlossen haben.

„KNX ist als internationaler Standard (ISO/IEC 14543-3), als europäischer Standard (CENELEC EN 50090 und CEN EN 13321-1) sowie als chinesischer Standard (GB/Z 20965) anerkannt. KNX-Produkte verschiedener Hersteller können kombiniert werden – das KNX-Logo garantiert Vernetzbarkeit und Interoperabilität.“ [31]

Die KNX-Twisted-Pair-Kabel sind so konzipiert, dass sie zusammen mit Starkstromleitungen in einem gemeinsamen Rohr verlegt werden können, vorausgesetzt, dass die Isolationsfestigkeit der Kabel gleich ist und die Installation gemäß den Niederspannungs-Installations-Normen (NIN-Normen) erfolgt. Bei der Verwendung von Abzweigdosen muss darauf geachtet werden, dass eine klare Trennung zwischen den verschiedenen Kabeltypen besteht und dass die NIN-Normen in Bezug auf die Installation eingehalten werden. Die KNX-Kommunikation funktioniert über eine sogenannte Gruppenadresse. Jede Funktion in einem KNX-System wird durch eine Gruppenadresse repräsentiert, die als Telegramm bezeichnet wird und die Geräte und Funktionen miteinander verbindet. Jede Funktion benötigt eine eigene Gruppenadresse. Wird der Taster gedrückt, sendet er ein Telegramm auf die Busleitung, und die Aktoren, die für diese Gruppenadresse parametriert sind, erkennen das Signal und schalten das Licht ein oder steuern die Jalousien. Mit KNX können dann verschiedenste Gewerke der Gebäudeautomation gesteuert werden, z. B. Beleuchtung, Sicherheit, Energiemanagement, Zählerwerteerfassung oder Haushaltsgeräte. **Bild 5.3** zeigt die Verlegung von KNX-Twisted-Pair-Kabeln zusammen mit Starkstromleitungen im gleichen Rohr.

Die spezifischen KNX-Twisted-Pair-Kabel dürfen zusammen mit Starkstromleitungen im gleichen Rohr verlegt werden, wenn ihre Isolationsfes-

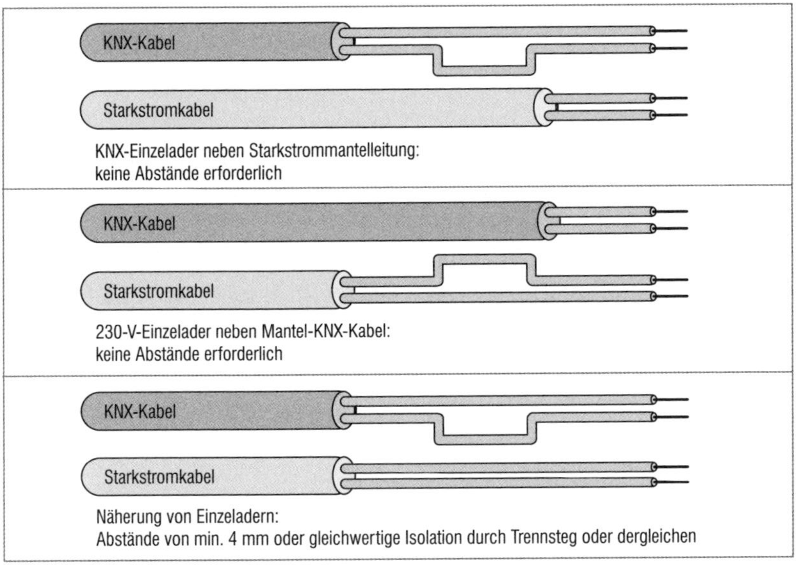

Quelle: KNX Swiss, https://www.knx.ch/knx-ch/technik/3-das-knx-grundprinzip.php

Bild 5.3 Verlegung von KNX-Twisted-Pair-Kabeln zusammen mit Starkstromleitungen im gleichen Rohr

tigkeit gleich ist und die Vorschriften zur Installation gemäß den NIN-Normen berücksichtigt werden. In den Abzweigdosen ist zudem auf eine Ordnungstrennung zu achten. Auch hier gelten die Vorschriften der NIN-Normen.

5.5 Feldbussysteme

Für die Regelung oder Steuerung eines Systems sind vereinzelte bis viele Sensoren und Aktoren nötig. Ein Feldbus ist ein Bussystem, das in einer Anlage Sensoren und Aktoren zwecks Kommunikation mit einem Automatisierungsgerät verbindet. Senden mehrere Kommunikationsteilnehmer ihre Nachrichten über dieselbe Leitung, muss festgelegt sein, wer (Kennung) was (Messwert, Befehl) wann (Initiative) sagt. Hierfür gibt es normierte Protokolle. Sind moderne Sensoren und Aktoren in einem Bussystem verbunden in einer Wohnung oder Haus verbaut, so spricht man von einem Smart Home.

Statt vom Automatisierungsgerät aus je ein Leitungspaar zu jedem Sensor und Aktor zu ziehen, wie es bei der parallelen Verdrahtung der Fall ist, wird bei Feldbussystemen vom Automatisierungsgerät nur ein einziges Leitungspaar an jeden Sensor und Aktor herangeführt.

Da anstelle von parallelen Leistungsbündeln lediglich ein einziges Buskabel eingesetzt wird, ersetzt der Feldbus die Parallelverdrahtung. Von der Feld- bis zur Leitebene verbindet der Feldbus so alle Ebenen, während das Übertragungsmedium des Feldbusses die Komponenten im Feld unabhängig von der Art des Automatisierungsgerätes vernetzt. Anstelle mehrerer I/O-Karten wird eine Bus-Interface-Karte eingesetzt.

Im Vergleich zu einer parallelen Verdrahtung weist ein Feldbus die nachfolgenden Vorteile auf. Die Planungs- und Installationszeit wird durch einen reduzierten Verkabelungsaufwand verkürzt. Kabel, Rangierverteiler und Schaltschrankgröße werden minimiert. Durch eine Systemeigendiagnose mit klaren Textanzeigen werden Ausfall- und Wartungszeiten verkürzt. Die Zuverlässigkeit wird durch kurze Signalwege erhöht, was insbesondere bei analogen Werten einen verbesserten Schutz vor Störungen bietet. Offene Feldbusse sorgen für eine einheitliche Datenübertragung und erleichtern den Geräteanschluss bei Komponenten verschiedener Hersteller, zumindest in Bezug auf die Basiskommunikation. Erweiterungen oder Änderungen sind einfach durchzuführen und garantieren Flexibilität und Zukunftssicherheit.

Die Festlegung von Messbereichen bei Messumformern ist nicht erforderlich, da die (visuelle) Anzeigeskala im Leitsystem jederzeit geändert werden kann.

Die einzelnen Feldbusse werden in der Norm IEC 61784-1 als *Communication Profile Families* (CPF) geführt. Die neuen echtzeitfähigen Ethernet-basierten Feldbusse sind in der Norm IEC 61784-2 zusammengestellt. Kommunikationssysteme auf der Basis von Ethernet mit Echtzeit-Erweiterungen besitzen das Potenzial zur künftigen Ablösung der bisherigen Feldbussysteme.

Jede Protokollfamilie kann weitere Feldbusse definieren. Die folgenden Protokollfamilien sind in der weltweit gültigen internationalen Norm *IEC 61784-3: Industrial communication networks – Profiles – Part 3: Functional safety fieldbuses* ausgeführt. Es sind neun unterschiedliche Protokolle für sicherheitsgerichtete Feldbusse der Familien CPF 1, 2, 3, 6, 8, 12, 13 und 14 festgelegt.

Sollen Feldbussysteme in Systemen zum Einsatz gelangen, die einer Prüfung entsprechend Sicherheitsnormen wie etwa IEC 61508 oder EN 954-1 standhalten müssen, werden dem Bussystem einige spezielle Anforderungen auferlegt. Diese Anforderungen werden befriedigt, beispielsweise durch redundanten Aufbau von Soft- und Hardware der Endgeräte und je nach Busprotokoll durch Maßnahmen wie laufende Zähler, CRCs, Quittierungen, Timeouts, Kennungen für Sender und Empfänger oder Redundanz mit Kreuzvergleich.

Verbreitete Feldbusse sind:

- ARCNET (Attached Resource Computer Network), ein deterministischer, echtzeitfähiger Feldbus, eingesetzt in den Bereichen Automotive, Industrieautomatisierung (insbesondere Druckmaschinen) und Medizintechnik,
- ARINC 629, schneller Avionik-Bus der Firma Arinc, eingesetzt in der Boeing 777,
- AS-Interface (Aktuator-Sensor-Interface) zum Anschluss von Sensoren und Aktuatoren,
- BACnet (Building Automation and Control Networks) für Gebäudeleittechnik, aber auch teilweise bis zur Feldebene hinunter einsetzbar,
- BITBUS, ein offener, nicht proprietärer Feldbus,
- CAN (Controller Area Network), z. B. im Automotive-Bereich,
- CANopen (CAN-basierendes, höheres Protokoll), Standard für die Aufzugstechnik, Automatisierungstechnik, Fahrzeugaufbauten, Medizintechnik, Schiffselektronik; gepflegt von CAN in Automation (CiA),
- CC-Link, im asiatischen Raum verbreiteter Bus für industrielle Applikationen,
- ControlNet, offenes Steuerungsnetzwerk,
- DALI für Beleuchtungen in der Gebäudeautomatisierung,
- DeviceNet (CAN-basierendes, höheres Protokoll),
- EIB (Europäischer Installationsbus), hauptsächlich Hausinstallation, Vorgänger von KNX,
- EtherCAT, Ethernet-basierender Feldbus in der Automatisierungstechnik,
- Ethernet Powerlink, Ethernet-basierender Feldbus für den Maschinen- und Anlagenbau,
- EtherNet/IP (Ethernet-basierendes, höheres Protokoll), zumindest ersteres vor allem in den USA,
- FAIS-Bus, ein japanischer Feldbus-Standard,
- FF (Foundation Fieldbus) der Fieldbus Foundation (Prozessautomation),
- FIP-Bus, französischer und italienischer Feldbus-Standard, Konkurrent zu Profibus,
- FlexRay-Bus, im Automotive-Bereich (X-by-Wire),
- Hart Communication für industrielle Feldgeräte,

- INTERBUS, im Maschinenbau, im Anlagenbau in Sonderausführung für Sicherheitstechnik,
- KNX-Standard für Gebäudeautomatisierung, Nachfolger von EIB,
- LCN Local Control Network, universelles Gebäudeleitsystem,
- LIN-Bus, im Automotive-Bereich,
- LocoNet für Modelleisenbahnen,
- LON, hauptsächlich für Gebäudeautomation,
- M-Bus (Feldbus),
- MIL-STD-1553, hauptsächlich in der militärischen Luftfahrt,
- Modbus, in der Industrie,
- MOST-Bus, im Automotive-Multimedia-Bereich,
- MVB (Multifunction Vehicle Bus), Schienenfahrzeuge IEC 61375,
- P-NET, P-NET Feldbus,
- PROFIBUS (Varianten: DP und PA), PROFINET: Roboter, Maschinenbau, Anlagenbau, Prozessautomation,
- SafetyBUS p für sicherheitsrelevante Anwendungen,
- SERCOS Interface Motion Control: CNC, Roboter, Maschinenbau, Anlagenbau,
- SmallCAN Integratives low-cost/low-power System, hauptsächlich für Gebäudeautomatisierung (aber auch allgemeine Automatisierungstechnik),
- SMI (Standard Motor Interface) zur Ansteuerung von elektronischen Antrieben, z. B. für Jalousien oder Rollläden,
- Spacewire,
- T-Bus, hauptsächlich eingesetzt in der Landwirtschaft, Bewässerungstechnik und im Umwelt-Monitoring,
- Time-Triggered Protocol (TTP),
- Traktionsbus,
- VARAN, Ethernet-basierender Feldbus für die Automatisierung von Maschinen und Anlagen.

5.6 Verkabelungssysteme

Im Bereich Active Assisted Living sind, in Abhängigkeit der Nutzung von Anwendungen und Technologien, verschiedene Verkabelungssysteme von Bedeutung. Einige der relevanten Verkabelungssysteme sind:

- Ethernet-Verkabelung: Ethernet ist eine weit verbreitete Verkabelungslösung für lokale Netzwerke und ermöglicht die Übertragung von Daten und die Steuerung von Geräten.

- Powerline-Kommunikation: Powerline-Kommunikation ermöglicht die Übertragung von Daten über das Stromnetz und wird häufig für Smart-Home-Anwendungen eingesetzt.
- Lichtwellenleiter-Verkabelung: Lichtwellenleiter-Verkabelung ist eine schnelle und zuverlässige Verbindungsmethode, die für die Übertragung von Daten in großen Entfernungen oder Umgebungen mit hohen elektromagnetischen Interferenzen (EMI) geeignet ist.
- Antennenkabel: Antennenkabel werden für den Empfang von Fernsehsignalen und anderen drahtlosen Signalen verwendet.
- Audio-/Videokabel: Audio-/Videokabel werden für die Übertragung von Audio- und Videosignalen zwischen verschiedenen Geräten wie Fernsehern und Lautsprechern verwendet.

Diese Verkabelungssysteme können einzeln oder in Kombination miteinander verwendet werden, um AAL-Systeme und -Anwendungen zu unterstützen.

5.6.1 Busleitungen

Busleitungen gelangen zum Einsatz, wenn für das Bussystem selbst separate Leitungen verlegt werden. Der Vorteil besteht darin, dass einige Feldkomponenten lediglich für einen speziellen Busanschluss vorgesehen sind. Der Nachteil besteht darin, dass es sich um einen zusätzlichen Verkabelungsaufwand handelt und diese Leitungen nicht für andere Anwendungen zur Verfügung stehen. Auch die unmittelbare Kommunikation mit anderen Systemen findet nicht statt, hier werden jeweils Gateways gebraucht. Beim in Europa am weitesten verbreiteten Bussystem „KNX“ kommt eine 4-adrige Schwachstromleitung zum Einsatz, in der jeweils zwei Drähte miteinander verdrillt sind. Eingesetzt wird davon das schwarz/rote Adernpaar. Auch weisen Busleitungen mehrheitlich die Problematik auf, dass sie sowohl eine gewisse Länge als auch eine gewisse Anzahl von Busteilnehmern nicht überschreiten dürfen. Dafür ist im Regelfall von einem Kostenvorteil für die Verkabelung und die Busteilnehmer auszugehen.

Bei einem KNX-System kommt die grüne Busleitung deshalb für die tertiäre Ebene infrage. **Bild 5.4** zeigt die Topologie mit KNX IP.

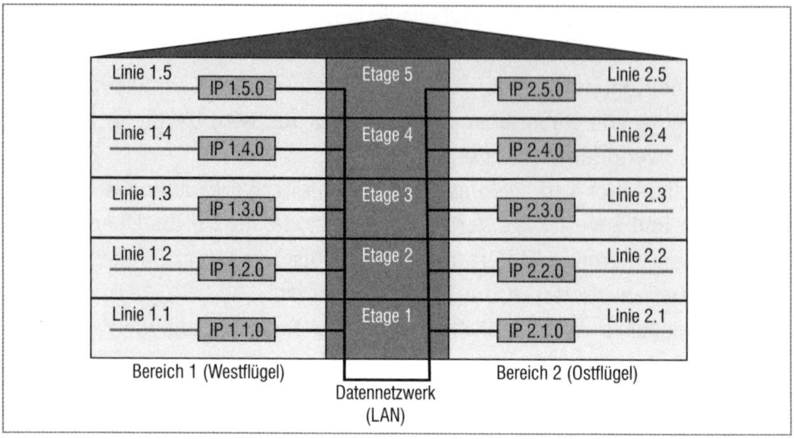

Bild 5.4 Topologie mit KNX IP

Quelle: KNX Swiss, knx.ch/knx-ch/technik/3-dasknx-grundprinzip.php5.6.2 Netzwerk

5.6.2 Powerline

Wie bereits weiter oben beschrieben, wird bei einer Powerline-Lösung eine vorhandene Verkabelung benutzt – im Regelfall das Stromnetz, in Ausnahmefällen auch ein vorhandenes Antennennetz. Aus diesem Grund wird an dieser Stelle nicht weiter auf die Leitungen und Kabel selbst eingegangen, es werden nur besondere Aspekte angesprochen, die es separat zu beachten gilt: Bei Powerline werden Daten in der Regel auf einem Draht übertragen, auf welchem bereits ein anderes Signal läuft. Man nennt das „Frequenzmultiplex". Zu beachten ist dabei, dass diese Leitungen für andere Zwecke verlegt wurden. Deshalb ist zu prüfen, ob das Signal physikalisch auch an dem Punkt ankommen kann, an dem es gebraucht wird. Bei einer Verkabelung über die Stromleitungen ist zu bedenken, dass in der überwiegenden Mehrzahl der Fälle dreiphasige Stromsysteme vorhanden sind. Wird das Signal auf den Außenleiter L1 eingespeist, in einem anderen Bereich aber ein Aktor benötigt, der in eine Steckdose gesteckt ist, die an den Außenleiter L3 angeschlossen ist, so wird ein Phasenkoppler benötigt. Ähnliche Herausforderungen bestehen auch, wenn Zählerbereiche überschritten werden oder Fehlerstromschutzschalter vorhanden sind.

Möglicherweise wird in angrenzenden Häusern oder Arealen ebenfalls Powerline eingesetzt. Dies kann zu Störungen führen, deshalb ist eine Bandsperre empfehlenswert. Heute wird Powerline jedoch selten bis gar nicht mehr genutzt und steht als Übertragungsmedium im Auslauf.

Bild 5.5 zeigt die Funktionsweise von Powerline im Gebäude.

Quelle: devolo AG, devolo.de/technologien/powerline

Bild 5.5 Funktionsweise der Powerline-Technologie im Gebäude

5.7 Funksysteme

Ist der Einsatz von kabelgebundenen Systemen nicht möglich, kommen funkbasierte zum Einsatz. Auch hier ist die Bandbreite groß. Vom allseits bekannten WLAN über herstellerneutrale bis hin zu herstellerspezifischen Funksystemen.

Im Hinblick auf die Vernetzung von AAL-Komponenten im Fernbereich sind für drahtlose Netze die folgenden Normen und Industriestandards von Bedeutung:

- *„GSM, eine Spezifikation für volldigitale Mobilfunknetze, die hauptsächlich für Telefonie, aber auch für leitungsvermittelte und paketvermittelte Datenübertragung sowie Kurzmitteilung genutzt wird. Die Standardisierung wurde bei CEPT begonnen, von ETSI weitergeführt und später an 3GPP übergeben. Dort wird GSM unter dem Begriff GERAN (GSM EDGE Radio Access Network) weiter standardisiert. 3GPP ist somit für UMTS und GERAN verantwortlich.*
- *LTE ist eine neue Mobilfunkspezifikation und zukünftig UMTS-Nachfolger. LTE ist eine Weiterentwicklung von UMTS und HSPA. Mit LTE entwickelt sich der Mobilfunk zunehmend zu einer Alternative zur Überbrückung der letzten Meile und damit als Alternative zu Kabelmodemtechnik und DSL.*

- *DIN EN 301908: IMT zellulare Netze – Harmonisierte EN, die die wesentlichen Anforderungen nach Artikel 3.2 der R&TTE Richtlinie enthält.*
- *UMTS ist eine Mobilfunktechnik, die Multimedia-Dienste zur Verfügung stellen und GSM ablösen soll. Die Technik basiert auf einer paketorientierten Vermittlung und dem Internet-Protokoll. Damit soll eine effektive Bandbreitennutzung ermöglicht werden, um die Voraussetzung für neue mobile Kommunikationsdienste zu schaffen. UMTS wurde von der Europäischen (ETSI) und der Japanischen (ARIB) Standardisierungsorganisation initiiert.*
- *WiMAX steht als Abkürzung für Worldwide Interoperability for Microwave Access und ist ein drahtloser Netzstandard, der 2002 vom IEEE geschaffen und unter dem Namen IEEE-802.16 genehmigt wurde. Ziel von WIMAX ist es, eine Hochgeschwindigkeitsinternetverbindung über ein abgedecktes Gebiet von mehreren Kilometern zu liefern. Theoretisch gesehen kann WIMAX steigende und sinkende Übertragungsraten von 70 Mbit/s mit einer Reichweite von 50 Kilometern erreichen.*" [6]

5.8 WLAN

Wireless oder kabellose LANs ergänzen oder ersetzen die weiter oben beschriebenen Netzwerke (LAN). Für sie gelten ähnliche Möglichkeiten wie für strukturierte Verkabelungen.

Anstelle von Kabeln nutzen sie hoch frequentierte Radiowellen zur Verbindung mit Geräten. Die Nutzer, deren Geräte via WLAN verbunden sind, können sich innerhalb des Raumes, den das Netzwerk abdeckt, frei bewegen.

Jede Station in einem Wireless LAN hat einen kabellosen Schnittstellen-Controller. Eine Station kann von zweierlei Art sein: Wireless Access Points (WAP) oder Clients.

WAPs, oder einfacher APs, sind in der Regel kabellose Router, die die Basisstation bilden. Die APs sind mittels Glasfaser oder Kupfer verkabelt. Innerhalb eines Radius von etwa 10 m dieser Access Points befinden sich die Clients. Sie sind Arbeitsstationen wie Computer, Laptops, Drucker, Smartphones usw.

WLAN wird vom „Institut der Elektrik- und Elektronik Ingenieure" normiert.

Tabelle 5.1 zeigt eine Übersicht der Wireless Standards nach IEEE 802.11.

Bezeichnung[*e2] der Wi-Fi Alliance	IEEE Standard	erst-veröffentlicht	802.11-Standard	Frequenzband in GHz	Modulations- und Multiplexverfahren[*e1]	Antennenzahl	maximale Linkrate (theoretisch) in Mbit/s
–	802.11	1997	-2012	2,4	FHSS+GFSK/ DSSS+DBPSK/ DQPSK	1	2[*e3]
	802.11b	1999	-2012	2,4	DSSS+CCK	1	11[*e3]
	802.11a	1999	-2012	5	OFDM+BPSK/ QPSK/QAM		
	802.11g	2003	-2012	2,4	OFDM+BPSK/ QPSK/QAM	1	54[*e3]
WI-Fi 4	802.11n	2009	-2012	2,4 + 5	MIMO+OFDM +BPSK/QPSK/ QAM	1...4	72 ... 600[*e4]
–	802.11ad	2012	-2016	60	SC/SCLP ODFM [44]		
WI-Fi 5	802.11ac	2013	-2016	5	MU-MIMO+ OFDM+BPSK/ QPSK/QAM	1...8	433 ... 6.933[*e5]
WI-Fi 6	802.11ax	2020		2,4 + 5	OFDMA+QAM	1...8	600 ... 9.608[*e4*e6]
WI-Fi 6E				6			
WI-Fi 7	802.11be			2,4 + 5 + 6	MLO/Massive MIMO/QAM	1...16	

*e1 „/“ bedeutet „oder“, „+“ bedeutet „mit“

*e2 englisch *industry designation for products and networks*, Branchenbezeichnung für Produkte und Netzwerke[e][43]

*e3 20 MHz Bandbreite, Standardkanal

*e4 2,4-GHz-Band, 20 MHz Bandbreite, eine Antenne (mit Standardkanal) – max. Antennen (mit doppelter Kanalbreite)

*e5 5-GHz-Band, 80 MHz Bandbreite, eine Antenne (mit Standardkanal) – max. Antennen (mit doppelter Kanalbreite)

*e6 laut Entwurf Draft 3.2

Quelle: https://de.wikipedia.org/wiki/Wireless_Local_Area_Network#Reichweite_und_Antennen

Tabelle 5.1 WLAN-Standards

5.8.1 Antennen und Reichweite

Bei manchen WLAN-Geräten ist der Anschluss einer externen Antenne möglich, sodass die Reichweite im Außenbereich vergrößert werden kann auf bis zu mehreren Kilometern bei Sichtkontakt. Im Innenbereich hängt die Reichweite von eventuellen Hindernissen und der Bebauungsform ab. Besonders hervorzuheben sind hier Leichtbauwände, die durch ihre Dämmung einen negativen Einfluss auf die Reichweite haben können. Das trifft vor allem auf massive Mauerwerk- und Stahlbetonwände sowie metallbedampfte Glasscheiben zu. Die Stärke der Dämpfung verhält sich direkt proportional zur elektrischen Leitfähigkeit des Materials.

Tabelle 5.2 zeigt eine Übersicht freier Standards und Frequenzbänder ohne Lizenzpflichtige.

Standard	Frequenz in GHz	Reichweite in m		
		im Haus (ca.)	im Freien inkl. einer Wand (ca.)	im Freien bis
802.11	2,4	20	100	100
802.11a	5	25	120	2.000
802.11b	2,4	38	140	100
802.11g	2,4	38	140	100
802.11n	2,4	70	250	100
	5	70	250	
802.11ad	60	10		
802.11ac	5	50		
802.11ax	2,4	30		
	5	30		

Quelle: https://de.wikipedia.org/wiki/Wireless_Local_Area_Network#Reichweite_und_Antennen

Tabelle 5.2 Freie Standards und Frequenzbänder ohne Lizenzpflichtige

5.8.2 Sicherheit

Offene WLAN-Netze bieten eine besondere Angriffsfläche für beispielsweise Informationsdiebstahl oder Datenmanipulation. Verschlüsselungen und eine Authentifizierung mittels Kennwörter können dem entgegenwirken. Zur Verschlüsselung wird der WPA3-Standard empfohlen (Wi-Fi Protected Access), bei Hotspots, also offenen Funknetzen, die OWE (Opportunistic Wireless Encryption). Ältere Geräte unterstützen WPA3 häufig nicht, weshalb diese upgedatet oder ausgetauscht werden müssen. Alternativ könnte die gesamte Verschlüsselung auf der IP-Ebene stattfinden, wobei der Datenaustausch durch die Nutzung eines VPN-Tunnels geschützt wäre.

Für die Authentifizierung von Clients kann innerhalb von WPA für größere WLAN-Installationen ein sogenanntes Extensible Authentication Protocol eingesetzt werden. Eine andere Möglichkeit bieten MAC-Adressen oder drahtlose Netzwerkadapter. Am Router selbst können weitere Einstellungen getroffen werden, die die Sicherheit erhöhen, wie das Ersetzen werkseitig voreingestellter Router-Passwörter, die Begrenzung des Zugriffs auf das Heimnetzwerk (berechtigte Geräte definieren), Änderung des SSID-Namens (z. B. FritzboxXXX), regelmäßige Firmware-Aktualisierungen oder das Abschalten des WLAN-Gerätes bei Nichtnutzung.

5.8.3 Fernsteuerbare Systeme

Mit der Etablierung des Internets der Dinge (IoT) wird die eigene Wohnung steuerbar und das auch aus der Ferne. Theoretisch können sämtliche Geräte im Haus und im Haushalt ferngesteuert werden, indem alles via Funk über eine zentrale Haussteuerung oder einen Smart-Home-Server verbunden ist. Dies hat insbesondere zwei Vorteile: Zum einen werden Informationen verschiedener Sicherheitssensoren zusammengeführt, zum anderen wird dem Nutzer eine einfache und bequeme Bedienung der Hauselektronik ermöglicht.

Die Haussteuerung, auch „Bridge“ (dt. Brücke) genannt, dient dabei als Vermittlung zwischen den Geräten. So kann dem Nutzer zum Beispiel die Fernsteuerung von Haus-Alarmanlagen, Überwachungskameras, Thermostaten, Beleuchtung, Stereoanlagen oder Lautsprechern, Regulierung der Jalousien oder Steckdosen und mittlerweile auch von vielen Haushaltsgeräten wie einer Kaffeemaschine per Funk-Schaltzwischenstecker ermöglicht werden. Theoretisch sind die Optionen endlos.

Im AAL-Kontext sollten in jedem Fall teiloffene bis offene intelligente Haussysteme verbaut werden, denn gegenüber geschlossenen Systemen haben sie den Vorteil, auch im Nachhinein noch erweiterbar und damit unkompliziert nachrüstbar zu sein. Auch der Trend auf dem Markt zeigt eine Entwicklung hin zu offenen Systemen. Das erleichtert den Nutzern auch die Steuerung: anstatt jedes Gerät einzeln zu verwalten, können in einer offenen Haussteuerung alle Geräte über eine Fernsteuerung verwaltet werden.

Die Fernsteuerung ist in jedem Fall per fest installierter Smart-Home-Steuerung mit Touch-Display im Haus oder in der Wohnung möglich und kann zusätzlich via App am Smartphone oder Tablet, via Sprachsteuerung oder auch haptisch via Schalter oder Fernbedienung ergänzt werden. Die Vorteile einer App-Steuerung liegen auf der Hand: egal, wo sich der Nutzer befindet, kann er Befehle, beispielsweise zur Temperatursteuerung, an sein Zuhause schicken. Apps können zudem Werte analysieren und einfache Verbrauchsstatistiken aufstellen. Ihr Nachteil: Ist der Akku am Smartphone leer oder das Smartphone beschädigt, kann der Nutzer außerhalb seines Zuhauses nicht auf die Endgeräte zugreifen. Auch die Fernsteuerung via Sprache ist längst auf dem Markt angekommen: Lautsprecher reagieren auf bestimmte Triggerwörter eines Befehls, geben diesen an die Bridge weiter, die den Befehl wiederum an das entsprechende Gerät weitergibt. Dieser Art der Steuerung sind zumindest derzeit noch Grenzen gesetzt, denn eine Sprachsteuerung ist nicht bei jedem Gerät auf dem Markt integriert. Eine klassische haptische Steuerung per Schalter oder Fernbedienung sollte gerade im AAL-Kontext nicht als Option außer Acht gelassen werden. Sie ist intuitiv und gerade für Senioren der gewohnte Umgang mit Technik, was der Akzeptanz der AAL-Technologien im eigenen Haushalt zuträglich ist.

Für die Funkverbindung gibt es verschiedene Standards. Mittlerweile haben sich für die Heimvernetzung und intelligente Haussteuerung vor allem drei Hauptsysteme hervorgetan: ZigBee, Z-wave und Enocean.

Alle sind zueinander und auch zu den entsprechend angemeldeten Endgeräten nicht kompatibel. Es gilt deshalb, sich zu Beginn der Planung für eines der Systeme zu entscheiden. Beide Systeme bewegen sich qualitativ auf Augenhöhe, weshalb es Sinn macht, von den benötigten Produkten auszugehen. Diese legen dann zwangsläufig auch den Standard der Funkverbindung fest. Mittlerweile gibt es jedoch auch Endgeräte, die verschiedene Funkverbindungen zulassen.

5.9 Busteilnehmer

5.9.1 Sensoren

Ein Sensor, auch als Detektor, (Messgrößen- oder Mess-)Aufnehmer oder (Mess-)Fühler bezeichnet, ist ein elektronisches Instrument, das in der Lage ist, physikalische oder chemische Größen zu messen und eine rücksichtsvolle Ausgabe zu erzeugen, also einen physikalischen oder chemischen Parameter qualitativ oder als Messgröße quantitativ erfasst und in einen elektrischen Ausgang umwandelt. Sensoren sind so angeordnet, dass sie direkt mit der Umgebung interagieren können, um die Eingangsenergie mithilfe eines Sensorelements zu erfassen. Diese erfasste Energie wird durch ein Transduktionselement in eine geeignetere Form umgewandelt.

Für die Messtechnik wird in DIN 1319-1 der Begriff Aufnehmer verwendet und als der Teil einer Messeinrichtung definiert, der auf eine Messgröße unmittelbar anspricht. Damit ist der Aufnehmer das erste Element einer Messkette. Der Sensor befindet sich am Eingangsport, um die Eingabe zu übernehmen und erzeugt in der Regel elektrische Signale. Gemäß DIN 1319-2 gehört der Aufnehmer deshalb zu den Messumformern, bei gleicher physikalischer Größe an Eingang und Ausgang auch zu den Messwandlern.

Grundsätzlich gibt es zwei Grundtypen von Sensoren: analog und digital. Ein digitaler Sensor ist in einen Analog-Digital-Wandler integriert, während der analoge Sensor keinen ADC aufweist.

Sensoren lassen sich anhand der Erzeugung oder Verwendung elektrischer Energie in aktive und passive Sensoren einteilen. Entscheidend für die Bestimmung ist das Messverfahren selbst. Aktive Sensoren erzeugen aufgrund des Messprinzips ein elektrisches Signal, z. B. elektrodynamisch oder piezoelektrisch. Diese Sensoren sind also selbst Spannungserzeuger und benötigen keine elektrische Hilfsenergie. Aktive Sensoren sind z. B. Thermoelement (physikalische Grundlage: thermoelektrischer Effekt), Lichtsensor (physikalische Grundlage: photoelektrischer Effekt), Drucksensor (physikalische Grundlage: piezoelektrischer Effekt). Mit aktiven Sensoren – mit Ausnahme des Thermoelements – ist lediglich eine Änderung der Messgröße detektierbar.

Aus diesem Grund sind die meisten verbauten Sensoren passiver Natur. Passive Sensoren enthalten passive Bauteile, deren Parameter durch die Messgröße verändert werden. Durch eine Primärelektronik werden diese Parameter in elektrische Signale umgeformt. Dabei wird eine von außen zugeführte Hilfsenergie benötigt. Mit passiven Sensoren ist es möglich, statische und quasistatische Messgrößen zu bestimmen. Zu den passiven Sensoren zählen z. B. Wägezellen, Widerstandsthermometer, Dehnungsmessstreifen und Magnetfeldsensoren (Hall-Sonde).

Sensoren lassen sich außerdem nach ihrem zugrunde liegenden Wirkprinzip einteilen, wofür es wiederum eine Vielzahl an Anwendungen gibt. **Tabelle 5.3** zeigt einige Beispiele von Anwendungsfällen in Abhängigkeit des jeweiligen Wirkprinzips der Sensoren.

Des Weiteren lassen sich Sensoren in verschiedene Auflösungsarten unterscheiden: temporale Auflösung (Zeit zwischen zwei Aufnahmen), spektrale Auflösung (Bandbreite der Spektralkanäle, Anzahl der verschiedenen Bänder), radiometrische Auflösung (kleinste Differenz der Strahlungsmenge, die der Sensor unterscheiden kann) und geometrische Auflösung (räumliche Auflösung, d. h. Größe eines Pixels).

Wirkprinzip	Beispiel
mechanisch	Manometer, Dehnungshebel, Federwaage, Hebelwaage, Thermometer
thermoelektrisch	Thermoelement
resistiv	Dehnungsstreifen (DMS), Hitzdraht, Halbleiter-DMS, Pt100
piezoelektrisch	Beschleunigungssensor
kapazitiv	Drucksensor, Regensensor
induktiv	Neigungsmesser, Kraftsensor, Wegaufnehmer
optisch	CCD-Sensor, Fotozelle
akustisch	Füllstandssensor, Doppelbogenkontrolle, Ultraschall-Durchflussmesser
magnetisch	Hall-Sensor, Reed-Kontakt

Quelle: https://de.wikipedia.org/wiki/Sensor#Nach_Messprinzip/Wirkprinzip

Tabelle 5.3 Wirkprinzipien der Sensoren und dazugehörige Anwendungen

Sogenannte Softsensoren oder virtuelle Sensoren sind in einer Software realisiert und nicht real existent. Sie berechnen Werte, welche aus den Messwerten realer Sensoren mithilfe eines empirisch erlernten oder physikalischen Modells abgeleitet werden. Virtuelle Sensoren werden vor allem für Anwendungen eingesetzt, in denen reale Sensoren zu teuer sind, oder in Umgebungen, in denen reale Sensoren nicht bestehen können oder zu schnell verschleißen.

Im Bereich der Automatisierung werden analoge Systeme der Regelungstechnik zunehmend von digitalen Systemen verdrängt. Daher steigt der Bedarf an Sensoren, deren Ausgangssignal ebenfalls digital ist. Man spricht sodann von digitalen Sensoren. Ein einfacher Aufbau ergibt sich, wenn der A/D-Umsetzer in das eigentliche Sensorsystem eingebunden wird. Dies kann zum Beispiel auf der Grundlage der Delta-Sigma-Modulationstechnik basieren.

Um intelligente Umgebungen realisieren zu können, spielen drahtlose Sensornetzwerke eine wichtige Rolle. Solche selbstorganisierenden Funksensornetzwerke dienen dazu, Daten aufzuzeichnen und zu übermitteln. Sie bestehen aus vielen verteilten Elementen, die eigenständig über ein Netzwerk von Sensorknoten miteinander kommunizieren können. Diese Netzwerke sind dynamisch und reagieren, wenn ein Sensorknoten ausfällt.

Bei der Installation von Sensoren im Bereich des AAL sollte Art und Platzierung der Sensorik in enger Absprache mit den Endnutzerinnen und -nutzern erfolgen. Speziell eine gut durchdachte Platzierung kann die Akzeptanz maßgeblich verbessern. Ästhetische Aspekte müssen ebenfalls miteinbezogen werden. Sensoren sollten daher möglichst an deren Umgebung angepasst und unauffällig montiert sein. Wichtig ist daher die Absprache mit den Monteuren, falls die Systeminstallation durch Dritte erfolgt.

Beispiele für Sensoren sind:

- Tastsensoren: Tasten, Schalter etc.,
- Bewegungs- und Präsenzmelder an Wand oder Decke, die die Präsenz oder Bewegung von Personen erfassen,
- Lichtsensoren, welche die Helligkeit erfassen und so auch davon abhängige Regelungen bzw. Schaltungen beeinflussen können,
- Binäreingänge, die alle möglichen Signale von potentialfreien Kontakten erfassen.

5.9.2 Aktoren

Als Aktoren, oder auch Aktuatoren genannt, werden meist antriebstechnische Baueinheiten bezeichnet, die ein elektrisches Signal in mechanische Bewegungen bzw. Veränderungen physikalischer Größen wie Druck oder Temperatur umsetzen und damit aktiv in den gesteuerten Prozess eingreifen. Aktoren wandeln also ein elektrisches Signal in einen physikalischen Ausgang und sind in der Mess-, Steuerungs- und Regelungstechnik das Gegenstück zu Sensoren, da sie am Ausgangsport angeordnet sind. Aktoren bilden die Stellglieder in einem Regelkreis und setzen – durch mechanische Arbeit bei Bewegungsregelung – bei einem Regelungsvorgang die Signale in Wirkungen um, mit denen die Regelgröße beeinflusst wird. Indem ein Aktor Kraft, Wärme, Bewegung usw. erzeugt, bewirkt er eine Änderung im physikalischen System. Im Bereich der Robotik werden Aktoren auch als Effektor bezeichnet.

Aktoren lassen sich nach ihrem zugrunde liegenden Prinzip unterscheiden:

- induktiv arbeitende Elektromotoren,
- Bimetall-Aktoren,
- Hydraulik- oder Pneumatik-Aktoren (z. B. Integrated Power Actuator),
- Zylinder (Pneumatikzylinder, Hydraulikzylinder, Elektrozylinder),
- elektrochemische Aktoren,
- elektromechanische Aktoren, Scotch-Yoke-Aktoren (Aktoren nach dem Prinzip der Kurbelschlaufe),
- Piezoaktor,
- magnetostriktiver Aktor,
- rheologischer Aktor,
- Formgedächtnislegierungs-Aktoren,
- elektroaktive Polymeraktoren.

Beispiele für Aktoren sind LED, Lautsprecher, Motorcontroller, Laser und viele weitere. Im Bereich des Active Assisted Living finden insbesondere skalierbare Aktoren, sichere Robotik und mobile autonome Serviceplattformen ihre Anwendung.

Unterschieden werden auch:

- Schaltaktoren, die alle möglichen Arten von Verbrauchern wie Licht oder Motoren schalten,
- Dimmaktoren, die das Licht dimmen,
- Rollladen- und Jalousie-Aktoren zur Ansteuerung von Rollläden und Markisen.

5.9.3 Systemgeräte

Systemgeräte sind in der Bustechnologie (Building and Urban Systems Technology) Geräte, die für die Überwachung, Steuerung und Regelung von Gebäuden oder städtischen Infrastrukturen eingesetzt werden. Sie sind Teilnehmer des Bussystems und dienen als Schnittstelle zwischen dem übergeordneten Steuerungssystem und den angeschlossenen Feldgeräten. Im Gegensatz zu Feldgeräten, die spezifische Funktionen wie beispielsweise Sensoren oder Aktoren erfüllen, haben Systemgeräte in der Regel eine breitere Funktion, zum Beispiel die Steuerung von Klimaanlagen oder Beleuchtungssystemen.

5.9.4 Gateways

Gateways sind Schnittstellen zwischen Bussystemen und anderen Netzwerken. Sie können beispielsweise verwendet werden, um Busteilnehmer über das Internet oder über eine drahtlose Verbindung mit anderen Geräten und Netzwerken zu verbinden. Ein Gateway übersetzt dabei die Protokolle und Datenformate zwischen den verschiedenen Netzwerken und stellt sicher, dass die Daten korrekt übertragen werden. In Bezug auf Busteilnehmer können Gateways eingesetzt werden, um die Verbindung zwischen verschiedenen Bussen herzustellen oder um Busteilnehmer in ein übergeordnetes Netzwerk, beispielsweise ein Gebäudemanagementsystem, zu integrieren.

5.10 Eingabesysteme

Eingabesysteme im Kontext von Active Assisted Living beziehen sich auf die Technologien, die es dem Nutzer ermöglichen, mit Assistenzsystemen zu interagieren. Hierbei können unterschiedliche Eingabemethoden zum Einsatz kommen, darunter z. B. Sprachsteuerung, Gestensteuerung, Touchscreens oder Tastaturen. Diese Eingabesysteme ermöglichen es dem Nutzer, Befehle zu geben oder Einstellungen zu verändern, um die Assistenzsysteme an die individuellen Bedürfnisse anzupassen. Ein Beispiel wäre die Sprachsteuerung eines intelligenten Pflegewagens in einem Pflegeheim, um diesen autonom zum Einsatzort zu navigieren oder bestimmte Pflegeutensilien nachzufüllen.

Die Sprachsteuerung und insbesondere Sprachassistenten wie Siri, Google Assistant, Alexa oder Cortana auf Smart Speakern oder anderen Endgeräten sind aus dem Alltag vieler Menschen heute nicht mehr wegzudenken. *„Ein digitaler Sprachassistent basiert auf intelligenter Software, die in verschiedenen Endgeräten integriert sein kann. Die Software analysiert mithilfe von Natural Language Processing (NLP) Sprachbefehle, die sie aus der Umgebung aufnimmt. Konkret bedeutet das: Der Sprachassistent reagiert auf das gesprochene Wort, indem Teile des Programmes, sogenannte Parser, dieses zur Weiterverarbeitung in Signale umwandeln. Die Analyse der Befehle läuft dabei meist über konzerneigene Server. Hat die Software logische Schlussfolgerungen aus der Spracheingabe ziehen können, werden die Signale wiederum in Sprache zurückübersetzt und in den Endgeräten in Form von akustisch wiedergegeben Informationen, Musik oder anderweitigen Aktionen ausgespielt. Heutzutage lässt sich mittels Sprachassistenten auch die gesamte Einrichtung eines Haushaltes steuern. Vom Licht bis zum TV – neben der manuellen Bedienung ermöglichen viele Hersteller vermehrt auch die Bedienung ihrer Produkte per Sprachsteuerung.“* [32]

Ein Beispiel ist die Crestron Mobile Pro® G Control App, die auf Apple- und Android-Geräten installiert werden kann, um im eigenen Zuhause, aber auch, wenn man sich außerhalb der eigenen vier Wänden befindet, Licht, Medien, Raumklima und Sicherheitsfunktionen steuern zu können. Der Zugriff auf die eigene Wohnung, das Büro oder die Ferienimmobilie ist damit in Echtzeit bequem von überall möglich.

Eingabesysteme, die sich mit dem Kinn bedienen lassen, stellen vor allem für Menschen mit starken Einschränkungen eine Alternative dar. Als Beispiel ist hier das Mausersatzgerät Bjoy Chin zu nennen. Die kleine Größe, die Tastenposition, die Genauigkeit der Ansteuerung sowie die gebotene Flexibilität in der Befestigung der Anbringung machen diese Produkte besonders vielseitig und für den Endverbraucher gut nutzbar. Die Konfigurationssoftware eines solchen Produktes kann auf die individuellen Bedürfnisse des Nutzers zugeschnitten und personalisiert werden [33].

5.11 Internet of Things (IoT)

Wir leben in einer Welt des „Internets der Dinge“ (kurz IoT). Dieses auch „Allesnetz“ genannte Phänomen steht als Sammelbegriff für Technologien, die es ermöglichen, physische und virtuelle Gegenstände miteinander zu vernetzen und sie durch spezielle Kommunikationstechniken zusammenwirken zu lassen. Ziel ist es, für bestimmte Prozesse wichtige Informationen aus der realen Welt (z. B. den Sauerstoffgehalt in einem Raum) automatisch zu erfassen und diese Informationen in einem definierten Netzwerk zur Verfügung zu stellen, sodass sie ausgewertet und entsprechende Maßnahmen getroffen werden können [34].

Das Internet der Dinge bezeichnet demnach die zunehmende Vernetzung zwischen „intelligenten" Gegenständen untereinander als auch nach außen hin mit dem Internet. Intelligente Objekte im IoT sind sonach über eine eigene Internetadresse identifizierbar. Die Kommunikation der Alltagsgegenstände oder Maschinen via IP-Netz ist möglich, weil diese mit Prozessoren und eingebetteten Sensoren ausgestattet sind. Das Internet of Things ist ein Netzwerk, das aus zahlreichen „Smart Objects" oder „Smart Devices" bestehen kann, die sich per Machine-to-Machine (kurz M2M) untereinander austauschen.

Das Smart Home stellt eine spezielle Realisierungsform des IoT dar.

Als Smart Home (dt. intelligentes Zuhause) wird ein Haushalt bezeichnet, in dem Haushalts- und Multimedia-Geräte miteinander interagieren und zentral ferngesteuert werden können. Dadurch werden Alltagsvorgänge nicht nur automatisiert, die Einstellung von Geräten (Licht, Heizung, Verdunkelung etc.) lässt sich so auch optimal an die persönlichen Bedürfnisse anpassen. Diese Steuerung gewinnt überdies an Komfort, zumal keine manuell zu bedienenden Endgeräte mehr notwendig sind, sondern die Befehle via Sprache oder Handzeichen ausgeführt werden können.

Nachdem Smart Home ein geläufiger Begriff ist, ist es an dieser Stelle wichtig, die Unterschiede zwischen Smart Home und AAL aufzuzeigen. Denn Smart Home und AAL werden häufig im selben Atemzug genannt und nicht selten miteinander verwechselt. Daher noch einmal kurz zur Abgrenzung:

Im Smart Home sind alle Geräte und Installationen miteinander verknüpft und ergeben ein großes Netzwerk, das zentral über eine Software gesteuert wird. AAL kann als eine Erweiterung von Smart Home verstanden werden. AAL nutzt die Technologie von Smart Home für die Verwaltung und Verfolgung täglicher Abläufe im häuslichen Umfeld.

„Assistive Technologie bezieht sich im Allgemeinen auf diejenige Technik, die es Anwendern ermöglicht, Aufgaben und Bewegungen vereinfacht durchzuführen, die sie ohne diese technischen Geräte nicht oder nur eingeschränkt durchführen könnten. Installierte Sensoren im Haus können Aktivitäten aufzeichnen und benötigte Unterstützung anfordern. Die Verbindung zwischen assistiver Technik und Smart-Home-Anwendungen besteht

z.B. in der Anbindung von Sensoren an Entertainment-Anwendungen (z.B. durch Gestensteuerung), um bei Unterstützungsbedarf und eingeschränkter Bewegung das häusliche Umfeld sowie Geräte zu steuern. Das AAL-Umfeld ist allerdings nicht nur auf das häusliche Umfeld begrenzt, sondern bezieht das Umfeld des Betroffenen ein, wenn dieser mobil ist und das Haus verlässt." [6]

Im Hinblick auf AAL-Technologie und -Installation besteht zum gegenwärtigen Zeitpunkt ein Bedarf an Verbesserungen sowohl aus wohnungswirtschaftlicher als auch aus Sicht der Elektrofachkräfte im Bereich von Gebäuden und Wohnumfeldern. Um AAL in Gebäuden und Wohnumfeldern umzusetzen, müssen nicht nur die Grundlagen und technischen Anforderungen berücksichtigt werden, sondern auch die Akzeptanz für innovative und unterstützende Technologie sowie neue Konzepte verbessert und gefördert werden. Da AAL-Systeme eine Infrastruktur benötigen, die oft durch ein Smart Home bereitgestellt wird, müssen die Aktivitäten zwischen AAL und Smart Home koordiniert und abgestimmt werden. Synergieeffekte mit den Bereichen intelligente Zähler (Smart Meters) und Heimautomation (Smart Home) können durch geeignete Öffentlichkeitsarbeit und Absprachen erzielt werden. Zudem bedarf es der Koordinierung von Connected Car-Ansätzen/-Technologien im AAL-Bereich mit den entsprechenden Smart-Home-Aktivitäten.

Wo ein hohes Maß an Komfort und Sicherheit bei gleichzeitig möglichst geringem Energieverbrauch erforderlich und/oder gewünscht ist, muss eine intelligente Steuerung und Überwachung aller Produkte zum Einsatz kommen. Da zu diesem Zweck mehr Verkabelung benötigt wird, um Sensoren und Regler mit den Steuer- und Überwachungszentralen zu verbinden, entsteht naturgemäß ein enormer Planungs- und Installationsaufwand, der steigende Kosten mit sich bringt. Die Lösung bringt ein einheitliches Sys-tem, das eine Automatisierung ermöglicht, indem es sicherstellt, dass alle Komponenten in einer gemeinsamen Sprache kommunizieren. Arbeiten alle Funktionen, von der Beleuchtung über das Energiemanagement bis hin zum Entertainment und zur Überwachung über ein System, wird dies als Interworking bezeichnet.

KNX, der weltweite Standard für Haus- und Gebäudeautomation, der als herstellerunabhängige Technologie zur Steuerung von elektrischen Geräten, Beleuchtung, Heizung, Klima, Jalousien und anderen Systemen in Gebäuden in diesem Buch bereits zur Sprache kam, macht dies möglich. KNX ermöglicht die Integration verschiedener Systeme und Technologien in einer zentralen Steuerung, was eine effiziente und automatisierte Gebäudeverwaltung gewährleistet. KNX ist ein offener Standard, was bedeutet, dass Produkte verschiedener Hersteller miteinander kompatibel sind und miteinander kommunizieren können. Die KNX-Technologie wird weltweit in vielen Gebäuden eingesetzt, darunter in Privathäusern, Bürogebäuden, Krankenhäusern und Schulen.

„KNX war von Beginn an hinsichtlich der Interoperabilität zwischen Geräten verschiedener Hersteller immer Klassenbester, wozu insbesondere die Zertifizierung von Produkten durch unabhängige Dritte beigetragen hat.

Heute gibt es eine große Anzahl weiterer Lösungen für die Haus- und Gebäudesystemtechnik mit unterschiedlichen Protokollen und insbesondere die Nutzung des Internets ist weit verbreitet. Daher erfordert heutzutage der Markt, dass jedes System über eine gut dokumentierte Möglichkeit verfügt, um auf Basis von Mechanismen, die dem aktuellen Stand der Technik der IT-Industrie entsprechen, mit dem Internet zu kommunizieren. Wenn übergeordnete Systeme oder Integrationsplattformen, die KNX mit anderen Nicht-KNX-Geräten von Drittanbietern verbinden, auf die Daten von KNX-Anlagen zugreifen wollen, dann erwarten diese, dass sie nicht über das KNX-Protokoll, sondern über standardisierte und nicht herstellerspezifische spezielle RESTful APIs auf folgende Daten zugreifen können." [35]

5.11.1 Building Information Modeling (BIM) und Industry Foundation Classes (IFC)

Gebäude für AAL haben besondere Anforderungen, nicht nur im Bau, sondern auch später im Unterhalt. Smart Home und barrierefreies Bauen treffen hier aufeinander. Gleichzeitig ist das AAL-Ökosystem sehr komplex und die persönlichen Bedürfnisse der Anwender sind sehr unterschiedlich. Um Komfort mit leichtem, intuitivem Zugang zu ermöglichen, ist es sinnvoll, Gebäude vorab als „digitalen Zwilling" zu planen [36].

Building Information Modeling (BIM) ist ein digitaler Prozess, der verwendet wird, um ein dreidimensionales Modell eines Gebäudes oder einer Infrastruktur (= „digitaler Zwilling") zu erstellen und zu verwalten. Dabei werden alle relevanten Informationen über das Bauwerk wie Geometrie, Materialien, Kosten, Planung und Zeitplanung in einer gemeinsamen Datenbank erfasst und zentral gespeichert. Dadurch können alle am Bau Beteiligten wie Architekten, Ingenieure, Bauunternehmer und Facility Manager auf eine einheitliche Informationsquelle zugreifen und in Echtzeit auf Änderungen und Aktualisierungen reagieren. BIM verbessert die Kommunikation, Kollaboration und Effizienz im gesamten Bauprozess und ermöglicht eine bessere Steuerung von Kosten und Zeitplanung.

Das Austauschformat für die Übergabe von BIM-Daten ist IFC (Industry Foundation Classes). IFC sind ein offener internationaler Standard für den Austausch digitaler Gebäudemodelle. IFC wurden von der International Alliance for Interoperability (IAI) entwickelt und werden jetzt von buildingSmart international verwaltet. IFC ermöglichen die Integration von Modellen aus verschiedenen Softwareanwendungen und erlauben damit eine nahtlose Zusammenarbeit zwischen den verschiedenen an einem Bauprojekt beteiligten Parteien. Die IFC-Dateien enthalten Informationen zu Gebäudeelementen, darunter z. B. Wände, Fenster und Türen, sowie zu deren Eigenschaften, Materialien und Beziehungen zu anderen Elementen im Modell [6].

5.11.2 Smart Devices

Smart Devices bezeichnet all jene Geräte, die die Fähigkeit zur Verbindung mit dem Internet besitzen. Smart Devices sind demnach internetfähige Produkte und damit Bestandteil des IoT. Man unterscheidet drei Kategorien internetfähiger Geräte: mobile Geräte (Smartphones, Smartwatches, Smart Toy oder auch Smart Clothes), stationäre Geräte (Smart-TV, Smart Speaker, Smart Display, Smart Mirror) oder Smart-Home-Geräte. Letztere bezeichnet zum einen alle Haushaltsgeräte, die die Fähigkeit zur Verbindung mit dem Internet haben (Kaffeemaschine, Kühlschrank, Herd) und zum anderen auch alle mit dem Internet verbindbaren, fest verbauten Geräte der allgemeinen Elektroinstallation im Haushalt (elektrische Rollladensteuerung, elektrische Alarmanlagen-Steuerung). Sofern sie mit dem Smart-Home-System verbunden sind, können theoretisch auch alle stationären oder mobilen Geräte als Smart-Home-Geräte genutzt werden [37].

In Abhängigkeit der individuellen Bedürfnisse der Nutzer können theoretisch alle Smart Devices auch im Kontext von AAL genutzt werden. Über die direkte Vernetzung aller Geräte untereinander oder eine Vernetzung mit dem Smart-Home-System lassen sich nutzbringende Querverbindungen mit Geräten schaffen, die sowieso im Haushalt vorhanden sind. So können beispielsweise Kleidungsstücke Temperaturdaten an eine entsprechende App im Smartphone schicken, die bei Abweichungen Alarm schlägt. Im Internet der Dinge ist nichts undenkbar, solange es sich den rechtlichen Vorgaben des Datenschutzes fügt und den Bedürfnissen des Nutzers gewinnbringend anpasst.

Dass AAL und BIM unmittelbar Hand in Hand gehen können, zeigt das Projekt ESSENSE (Education Supporting Smart Environments for Seniors) [38]. Eine Gruppe von Vertretern aus Deutschland, Spanien, Slowenien und der Republik Mazedonien hat im Rahmen dieses EU-geförderten Projektes verschiedene Aus- und Weiterbildungsinhalte und -tools entwickelt. Dazu gehören ein Rahmenlehrplan, didaktische Materialien für Ausbilder, ein kostenloses online-basiertes Prüfungstool und eine kollaborative Plattform. Der Fokus lag dabei auf Building Information Modeling (BIM) sowie der Entwicklung von technischen Assistenzsystemen für alters- und lebensübergreifendes Wohnen.

5.12 Alarmsysteme

Alarmsysteme sind technische und heutzutage ausschließlich elektronisch betriebene Einrichtungen, die zum Schutz von Personen oder Objekten dienen. Im AAL-Bereich werden Alarmsysteme klassischerweise zur Haussicherung vor Einbruch und Diebstahl und zur Alarmierung Angehöriger, Pflegender oder Rettungsdienste in Notsituationen genutzt. Alarmsysteme lassen sich in unterschiedliche Typen einteilen: akustischer Alarm, stiller Alarm, optischer Alarm, selbst ausgelöster Alarm, Internalarm, Externalarm und Fernalarm. Je nach Anwendungsgebiet sowie Bedürfnissen und Fähigkeiten der Endnutzer können im AAL-Bereich diverse Kombinationen an Alarm-Typen sinnvoll sein.

Alle Systeme stellen die Funktion über eine integrierte Batterie auch bei Ausfall der Spannungsversorgung sicher. Wie bei Kommunikations- und Informationsanschlüssen bereits erwähnt, sollten die Systeme dennoch über einen eigenen Stromkreis versorgt werden. Die Kommunikation erfolgt entweder über die in der Wohnung vorhandenen Kommunikationsanschlüsse oder über eine Mobilfunkverbindung mittels einer im Notrufgerät integrierten Wähleinrichtung. Bedacht werden sollte, dass moderne IP-Telefonanschlüsse für das Modem eine Stromversorgung benötigen.

5.12.1 Alarmsysteme zur Sicherung von Objekten

Bei Alarmanlagen zur Sicherung von Objekten wie Haus und Garten bestehen drei verschiedene Funktionsarten. Bei der Gleichstromtechnik fließt der elektrische Strom zwischen zwei Punkten innerhalb der Anlage über einen gemeinsamen Melder. Bei der Bus-Technik schließt man alle Melder über zwei gemeinsame Adernpaare an, wobei diese gleichzeitig als Datenleitung dienen und die restlichen Melder mit Strom versorgen. Ebenfalls häufig eingesetzt ist die Funktechnik. Anlagen mit dieser Technologie funktionieren analog zu Bus-Anlagen – mit dem Unterschied, dass die Verkabelung entfällt und stattdessen Funk zum Einsatz gelangt. Kommt es zu einem Alarmfall, tritt je nach Technologie und Programmierung eine andere Reaktion ein. Teilweise kann es zur Auslösung diverser Endgeräte, zum Beispiel Kameras, Alarmübertragungseinrichtungen oder Signalgeber, kommen.

Im AAL-Bereich sind Alarmierungssysteme in Notsituationen von Personen von zentraler Bedeutung. Zu unterscheiden sind hierbei zwei Gruppen von Notrufsystemen: Einfache Systeme, deren Notruf durch den Nutzer ausgelöst werden (besser bekannt als Hausnotruf) und komplexere Systeme, die Vitalfunktionen überwachen oder die Aktivität des gegebenenfalls Hilfebedürftigen verfolgen und bei Unregelmäßigkeiten eigenständig Alarm schlagen.

5.12.2 Geräte mit Alarmauslösung durch den Nutzer

Diese Gerätegruppe reicht von einfachen Seniorentelefonen über Smartwatches bis zu den Hausnotrufsystemen mit mobilen Auslöseeinrichtungen. Um Barrierefreiheit optimal gewährleisten zu können, sollten beispielsweise Seniorentelefone als Großtastentelefon mit einer in der Größe angepassten Anzeige und besonders gekennzeichneten Schnellwahltasten gestaltet sein. Einige Telefone sind mit Funk-Notsendern (Halsbandsender oder Armband) erweiterbar. Alternativ sind Seniorentelefone auch schnurlos erhältlich, wobei hier zu bedenken ist, dass Schnurlostelefone in Notfällen nicht gefunden werden könnten oder im Zweifelsfall nicht funktionieren, weil der Akku nicht geladen wurde. Hausnotrufsysteme sind vom Telefon unabhängige Systeme, die in der Regel nur einen Auslösetaster besitzen und mit einer Notrufzentrale verbunden sind.

Personen-Hilferufanlagen, die ausschließlich für hilfebedürftige Personen konzipiert sind, die im eigenen Zuhause oder in der Wohnform „Betreutes Wohnen für ältere Menschen" leben, können im AAL-Kontext eine sinnvolle Einrichtung sein. Angelehnt an klassische Rufanlagen in Pflege- oder Krankenhäusern beschreibt die DIN VDE 0834 das anwendungstechnische Umfeld, in dem ein bedürftiger Mensch in einer Notlage um Hilfe ruft. An

Rufanlagen werden demnach unter anderem technische Mindestanforderungen gestellt. So muss eine technische Störung automatisch nach 30 s gemeldet worden sein. Alle Rufanlagen müssen mit Notstrom versorgt werden können und es muss ein von allen Fremdgewerken unabhängiges Leitungs- oder Übertragungsnetz vorliegen.

5.12.3 Geräte mit eigenständiger Alarmauslösung

Bei Personen mit größeren Einschränkungen werden Geräte mit eigenständiger Alarmauslösung eingesetzt. Hierbei wird die Aktivität des Nutzers über verschiedene Sensoren überwacht. Diese Sensoren können entweder fixierte Installationen wie Kameras, Bewegungsmelder oder Sensormatten sein oder am Körper des Nutzers getragene Sensoren, beispielsweise Smartwatches oder Notrufarmbänder.

Zeigt der Nutzer innerhalb eines festgelegten Zeitraums keine Aktivität oder stellen Sensoren eine plötzliche Bewegung und dann Stillstand fest (Sturzerkennung), wird dem alarmgebenden Gerät die bevorstehende Auslösung eines Alarms signalisiert. Reagiert der Nutzer in der Folge innerhalb einer weiteren Zeitspanne nicht, wird der Notruf eigenständig abgesetzt. Mittels Sensoren am Körper lassen sich zudem die direkten Vitalfunktionen messen. Auch diese Systeme setzen bei Unregelmäßigkeiten eigenständig einen Notruf ab.

Demgegenüber steht die Sturzerkennung mittels fixer Installationen in Form von Kameras und/oder Bewegungsmeldern. Im Unterschied zu den am Körper getragenen Geräten sind für diese Varianten die überwachten Bereiche unveränderlich definiert. Bei der Sturzerkennung mittels Kamera wird eine ebensolche im zu überwachenden Wohnraum installiert, deren Aufnahmen auf einem Rechner direkt mittels Bildverarbeitung verarbeitet werden. Datenschutzkonforme Systeme speichern die Bilder nie ab, sondern löschen sie sofort wieder. Lediglich dann, wenn ein am Boden liegender Mensch erkannt wird, schlägt das Gerät Alarm. Systeme reichen von einfachen Webcams bis hin zu Infrarotkameras, die den Vorteil haben, auch im Dunkeln zu funktionieren. Eine weitere Möglichkeit bieten Bewegungsmelder, die in Kombination mit einer entsprechend programmierten Steuerung lernen, wo sich ein Mensch gewöhnlicherweise bewegt. Treten signifikante Abweichungen auf, wird die entsprechende Ansprechperson oder der Rettungsdienst alarmiert.

5.12.4 Lokalisation von Personen

Die Lokalisation von Nutzern von AAL-Technologien stellt neben dem Absetzen eines Notsignals selbst das wichtigste Hilfsmittel dar. Ziel ist es, mobil nutzbare Technologien zu entwickeln, die älteren Menschen an ihrem aktuellen Standort Hilfestellung bieten und in Gefahrensituationen automatisch einen Notruf absetzen und deren Standort übermitteln.

Bekannte Funktionen wie Navigationshilfen und die Lokalisation von Personen über GPS sollen mit neuen Methoden zur automatischen Ereignis- und Notfallerkennung kombiniert werden. Dazu werden Beschleunigungs- und Bewegungssensoren, GPS-Module, Mikrofone und Kameras in tragbare Geräte oder in Kleidung und Accessoires integriert. Auch bereits etablierte Endgeräte wie am Arm zu tragende Sturzmelder oder Smartwatches und auch Smartphones erfüllen diese Funktionen.

Durch Analyse und Abgleich der verschiedenen Sensordaten soll das System Notsituationen erkennen und über eine webbasierte Serviceplattform automatisch einen Pflegedienstleister alarmieren. Die skalierbare Technologie kann an die Bedürfnisse von verschiedenen Nutzergruppen angepasst und auch mit handelsüblichen Smartphones genutzt werden [39].

5.13 Umfeldintelligenz

Umgebungsintelligenz (engl. Ambient Intelligence, kurz AmI) ist ein multidisziplinärer Ansatz, der darauf abzielt, die Interaktion zwischen Menschen und Umwelt zu verbessern. AmI soll die Orte, an denen Menschen leben und arbeiten, nützlicher gestalten. Die positive Vision ist, dass die Erweiterung nahezu aller Gegenstände um Kommunikationsfähigkeit und eine gewisse Intelligenz dazu führt, dass unser aller Alltag spürbar erleichtert wird und die intelligente Umgebung uns bei Bedarf auf natürliche Art und Weise unterstützt. Das heißt, dass die Nutzung der Computerleistung nicht mehr Aufmerksamkeit erfordern soll, als die Ausführung anderer alltäglicher Tätigkeiten wie gehen, essen oder lesen [40].

Ambient Intelligence umfasst viele verschiedene Disziplinen. Dazu zählen die Automatisierung mittels Sensoren, Steuerung und Aktoren, Mensch-Maschine-Interaktion und Computergrafik, Kommunikation, Ubiquitous Computing (dt. Rechnerallgegenwart), eingebettete Systeme und künstliche Intelligenz (KI). Ambient Intelligence ist ohne künstliche Intelligenz nicht möglich. KI hat das Ziel, mehr Intelligenz in die AmI-Umgebungen zu integrieren, wodurch eine bessere Unterstützung für den Menschen und der Zugang zu wesentlichem Wissen ermöglicht werden. Dadurch sollen bessere Entscheidungen bei der Interaktion mit diesen Umgebungen erreicht werden.

Eines der ersten Anwendungsgebiete ist zum Beispiel das intelligente Haus (Smart Home), dessen sämtliche Einrichtungen (Wärme, Küchenmaschinen, Rollläden etc.) sich mit mobilen Computern von überall her bedienen lassen und sich adaptiv auf die Bedürfnisse der Bewohner einstellen. Ambient Intelligence ist eines der am weitesten fortgeschrittenen Elemente in der Smart-Home-Entwicklung.

AmI wird durch die Koexistenz und Interaktion heterogener Elemente unterstützt, indem AmI Software, Hardware und Netzwerke integriert.

Die Wahrnehmung der Umwelt ist ein Bottom-up-Prozess. Sensoren überwachen die Umgebung mithilfe physischer Komponenten und stellen Informationen über die Kommunikationsschicht zur Verfügung. Eine Datenbank speichert diese Information, während andere Informationskomponenten die rohen Informationen zu nützlichem Wissen und Aktionsmodellen verarbeiten. Neue Informationen und Probleme werden dann den Entscheidungsalgorithmen präsentiert. Die Ausführung von Aktionen erfolgt von abstrakten, logischen zu konkreten, physischen Ebenen. Die Entscheidungsaktion wird den Dienstebenen – Information und Kommunikation – mitgeteilt, die die Aktion aufzeichnen und sie an die physischen Komponenten weiterleiten. Die physikalische Schicht führt die Aktion mithilfe von Aktoren oder Gerätesteuerungen durch, verändert so den Zustand der Umwelt und löst eine neue Wahrnehmung aus.

Die von AmI-Algorithmen benötigten Informationen werden von Sensoren gemessen und mithilfe eines Sensornetzwerks erfasst. Dieses Sensornetzwerk ist verantwortlich für die Erfassung und Verteilung von Daten, die z. B. von intelligenten Gebäuden benötigt werden. Angesichts der großen Datenmenge, die von Sensoren gesammelt wird, und der Bedeutung, die ihre Position und Zuverlässigkeit für die Gesamtleistung des Systems haben, müssen Sensornetzwerke schnell, einfach zu installieren und zu warten sowie autonom sein. Das Ergebnis ist eine Schicht des Ambient Intelligence Systems, die einen Teil der Last des intelligenten Denkens übernimmt, wodurch die Menge an Argumenten reduziert wird, die auf den höheren logischen Ebenen benötigt wird.

In Bezug auf das Smart Home achten Ambient Intelligent Devices passiv auf die Aktionen der Bewohnerinnen und Bewohner in bestimmten Umgebungen. Sie lernen, was Menschen tun, wie sie reagieren und welche Interessen sie verfolgen, um intuitive und datenbasierte Vermutungen darüber zu erstellen, was Nutzerinnen und Nutzer wünschen und welche Aktionen auszuführen sind. Beispielsweise kann das System dafür sorgen, dass das Haus am Abend vorgeheizt ist, weil das System weiß, dass die Bewohnerin am Mittwoch erst spät nach Hause kommt.

Die Möglichkeiten intelligenter Haustechnik, die Verbraucherinnen und Verbraucher wirklich überzeugen, beruhen auf einer Reihe wichtiger Komponenten. Dazu zählt neben den Sensoren und drahtloser Kommunikation mit Wi-Fi und Bluetooth die Mensch-Computer-Interaktion (Human-Computer Interaction, HCI) mittels intelligenter, intuitiver Benutzeroberflächen, die in alltägliche Objekte eingebettet sind. AmI verwebt die Daten aus vielen Quellen, um Benutzergewohnheiten zu „lernen", den Kontext und den Zweck einer Anfrage zu verstehen und dann eine Aktion auszuführen.

AmI bietet eine neue Ebene der Mensch-Computer-Interaktion, in der Menschen von intelligenten und intuitiven Schnittstellen umgeben sind, die in die Alltagsgegenstände eingebettet sind. AmI ist ein Schlüsselelement in intelligenten Umgebungen, intelligenten vernetzten Objekten, erweiterten und gemischten Realitäten, intelligenten Schnittstellen und Wearable Computing. Im Smart Home kombiniert Ambient Intelligence die Konnektivität des Internet of Everything (IoE) mittels eingebetteter Sensoren und drahtloser Technologien mit der Informationsintelligenz von Big Data Analytics und der Allgegenwart von Smart Devices wie Smartphones, Tablets und Wearables.

Während der schrittweisen Integration von Ambient Intelligence in das Smart Home, gilt es, Lösungen für gegenwärtig bestehende Probleme wie Standardisierung, Zugänglichkeit und Erschwinglichkeit zu finden.

5.14 Roboter

In den letzten Jahren hat das Thema Robotik enorme Entwicklungssprünge verzeichnen können. Auch wenn ein Roboter keinesfalls Pflegekräfte oder Angehörige bei wesentlichen Betreuungsaufgaben zu ersetzen vermag, so kann er doch eine große Unterstützung und Entlastung darstellen. Durch den demografischen Wandel stehen insbesondere die stationäre Pflege in der Altenpflege und im Krankenhaus vor großen Herausforderungen. Während die Anzahl der Pflegebedürftigen kontinuierlich steigt, entscheiden sich immer weniger Berufsanfänger für eine Ausbildung oder eine Arbeitsstelle in der Pflege. Parallel sorgt die hohe körperliche und psychische Belastung häufig dafür, dass (ältere) Pflegekräfte den Beruf vorzeitig aufgeben, was durch einen auffallend hohen Krankenstand verstärkt wird.

Zur Lösung dieser Problemstellung können Serviceroboter-Technologien genutzt werden, um handelsübliche Pflegehilfsmittel effizienter und ergonomischer zu bedienen und Pflegekräfte bei ihrer Arbeit zu entlasten. Der Einsatz (teil-)autonomer Assistenzsysteme ermöglicht eine Reduzierung des Anteils nichtpflegerischer Arbeiten, sodass den Pflegekräften mehr Zeit für eigentliche Pflegetätigkeiten bleibt.

Im Bereich der Pflegepraxis können Pflegehilfsmittel mit intelligenten Assistenzfunktionen dazu beitragen, typischen Problemen entgegenzuwirken und Gesundheitsschäden zu vermeiden:

- Ein intelligenter Pflegewagen navigiert autonom zum Einsatzort und ermöglicht über den integrierten Touchscreen eine Dokumentation von verbrauchten Pflegeutensilien.
- Assistenzfunktionen für Liftersysteme entlasten bei anstrengendem Heben und Transfer von Personen, können autonom navigieren und den Benutzer bei der korrekten Positionierung unterstützen. Ein Multifunktionslifter übernimmt verschiedene Aufgaben und kann mehrere einzelne Liftersysteme ersetzen.
- Logistik- und Hauswirtschaftsaufgaben können mithilfe von Service-Transportfahrzeugen automatisiert werden, die autonom zu einem vorgegebenen Ziel fahren können, ohne komplexe Infrastruktur oder Anpassungen der Umgebung.
- Reinigungsroboter können Keimbelastungen messen und notwendige Reinigungsaufgaben autonom ausführen.
- Ein autonomer mobiler Serviceassistent kann Bewohnern und Patienten mehr Selbstständigkeit bieten und das Personal entlasten, indem er auf Knopfdruck Lebensmittel und andere Dinge in Aufenthaltsräume oder Zimmer bringt.

Auf diesem Gebiet bestehen bereits einige Umsetzungsbeispiele des Fraunhofer-Instituts für Produktionstechnik und Automatisierung IPA, die zur besseren Veranschaulichung kurz vorgestellt werden sollen.

WiMi-Care

Dieses vom Bundesministerium für Bildung und Forschung (BMBF) geförderte Projekt, das in enger Zusammenarbeit mit einer stationären Altenpflegeeinrichtung realisiert wurde, legt den Fokus auf eine sinnvolle Unterstützung durch Servicerobotik im Bereich Patientenversorgung und Unterhaltung mit bereits vorhandenen Robotern (z.B. *Care-O-bot 3*): von der Bedarfsermittlung über realisierte und getestete Beispielanwendungen bis hin zur Vernetzung zwischen Entwicklern, Herstellern und Anwendern. Ein Beispiel ist der automatische Containertransport, der das Personal der Nachtschicht durch automatische Patrouillenfahrten entlastet. *„So konnte gezeigt werden, dass ausgewählte Anwendungen für Serviceroboter in stationären Pflegeeinrichtungen bereits heute technisch umsetzbar sind, außerdem stellten die Projektpartner eine hohe Akzeptanz der Serviceroboter beim Personal und bei den Bewohnern fest. Überdies ist eine ‚Wissenstransferschleife' Ergebnis des Projekts, die den Wissensaustausch aller an Servicerobotik für die stationäre Pflege beteiligten Personen verbessert."* [41] Beteiligt waren neben dem Fraunhofer IPA das Institut für Soziologie der Universität Duisburg-Essen, die MLR Systems GmbH für Materialfluss- und Logistiksysteme (MLR) sowie die User Interface Design GmbH.

SeRoDi

Auch in diesem vom BMBF geförderten Projekt unter dem Projektträger Deutsches Zentrum für Luft- und Raumfahrt (DLR) wurden Serviceroboter-Anwendungen zusammen mit anderen Forschungs- und Anwendungspartnern für die Alten-, aber auch Krankenpflege entwickelt. Dabei entstandene Roboter waren der „intelligente Pflegewagen" und der „robotische Serviceassistent", die sogleich im Praxistest in einer Klinik und zwei Pflegeeinrichtungen zum Einsatz kamen. *„Auf Basis detaillierter Analysen der Pflegepraxis entwickelten die Projektpartner einen intelligenten Pflegewagen, der autonom zum Einsatzort navigiert und dabei auch Fahrstühle nutzen kann. Die Pflegekraft kann ihn über das Smartphone rufen. Mithilfe einer Objekterkennungs-Software erkennt der Pflegewagen entnommenes Material und kann den Verbrauch automatisch dokumentieren."* Der „robotische Serviceassistent" kann mit Getränken oder Snacks gefüllt werden und diese zu den Patienten bzw. Bewohnern bringen. So wird einerseits das Pflegepersonal entlastet, andererseits werden die Bewohner erinnert, regelmäßig Flüssigkeit zu sich zu nehmen. Er fordert auch die Selbstständigkeit der Pflegebedürftigen. Beteiligt waren neben dem Fraunhofer IPA das Institut für Steuerungstechnik (ISW) und das Institut für Arbeitswissenschaft und Technologiemanagement (IAT) der Universität Stuttgart, der Universität Greifswald sowie die Altenpflegeheime Mannheim und das Universitätsklinikum Mannheim als Endanwender [42].

Personenlifter *Elevon*

Bei *Elevon* handelt es sich um einen multifunktionalen Personenlifter, der autonom navigieren, durch Sensoren bei der Personenaufnahme unterstützen und verschiedene Hebevorgänge ausführen kann. Das Heben ist ein wichtiger, täglicher Vorgang in Einrichtungen, beispielsweise beim Wechseln der Bettwäsche, beim Baden oder beim Umsetzen einer Person vom Bett in den Rollstuhl. Bestehende Hänge-, Gurt- oder Badelifter sind situations- und raumabhängig, weshalb Personen aus Zeitmangel häufig von den Pflegekräften manuell bewegt werden, was natürlich deutlich anstrengender ist. *Elevon* vereint verschiedenste Aufgaben von Einzel-Liftersystemen und kann von den Pflegekräften elektronisch angefordert werden, um dann selbstständig zum Einsatzort zu fahren. Personen können dann sowohl sitzend als auch liegend transportiert werden. Die verbauten Sensoren erkennen die Person automatisch und positionieren danach das Aufnahmesystem. *„Ein zweites Ziel des Projekts bestand darin, die technische Machbarkeit des erarbeiteten Konzepts durch die prototypische Umsetzung der relevanten Schlüsselkomponenten zu verifizieren. Dafür wurde für die Hebevorrichtung ein geeignetes Kinematik-Konzept entwickelt. Um das Konzept des Gesamtsystems hinsichtlich festgelegter Parameter (wie z. B. Hebe- und Haltevermögen) zu validieren, wurde dieses zudem als funktionstüchtiger Prototyp aufgebaut.“* [43]

Dr.-Ing. Dipl.-Inf. Birgit Graf, Gruppenleiterin Haushalts- und Assistenzrobotik am Fraunhofer-Institut für Produktionstechnik und Automatisierung IPA, fasst zusammen: *„Serviceroboter können einen signifikanten Beitrag leisten, Pflegekräfte zu entlasten. Obwohl es sich bei den bisher in der Praxis eingesetzten Robotersystemen ausschließlich um Prototypen handelt, ist es absehbar, dass erste Produkte für dieses Anwendungsfeld in den kommenden Jahren zur Verfügung stehen werden – z. B. Transportroboter oder Pflegehilfsmittel, die mit robotischen Funktionen und Bedienhilfen ausgestattet sind. Dabei handelt es sich immer um Geräte, die von Menschen gesteuert und eingesetzt werden. Roboter sollen weder selbständig Pflegetätigkeiten am Menschen durchführen noch Entscheidungen treffen. Menschlichkeit und Einfühlungsvermögen sind ein wesentlicher Bestandteil der Pflege, das können und werden Roboter nie leisten. Sie können jedoch mehr Zeit für eigentliche Pflegetätigkeiten schaffen. Zudem reduzieren moderne Pflegehilfsmittel die körperliche Belastung und werten den Pflegeberuf generell auf – ein wichtiger Aspekt, um Arbeitskräfte in ihrem Beruf zu halten und neue Pflegekräfte zu gewinnen: Damit alle, die sich als Pfleger berufen fühlen, auch lange in diesem Beruf arbeiten können.“* [44]

5.15 Wearables

Wearables sind tragbare Technologien, die Menschen unterstützen sollen, ihre Gesundheit und ihr Wohlbefinden zu verbessern. Sie werden am Körper getragen und können Daten über Aktivitäten, Bewegung, Herzfrequenz, Schlaf und andere Vitalwerte erfassen und überwachen. Damit sind sie ein weiterer Versuch, der wachsenden Anzahl älterer und kranker Menschen gerecht zu werden und mit digitalen Lösungen zu begegnen. Wearables sind also eine weitere Möglichkeit, sowohl Pflegekräfte zu entlasten als auch das alltägliche Leben der Menschen zu unterstützen, ohne sie einzuschränken.

Einige Beispiele für Wearables im Kontext von Active Assisted Living sind:

- Fitness-Tracker: Diese Geräte messen die Aktivitäten, die ein (älterer) Mensch im Laufe des Tages ausführt, wie zum Beispiel Schritte, zurückgelegte Entfernung oder verbrannte Kalorien.
- Herzfrequenzmesser: Diese Geräte messen die Herzfrequenz eines (älteren) Menschen und können bei Bedarf eine Warnung ausgeben, wenn der Puls zu hoch oder zu niedrig ist.
- Schlaftracker: Diese Geräte erfassen die Schlafqualität eines (älteren) Menschen, indem sie die Anzahl der Stunden, die er schläft, und die Qualität seines Schlafs messen.
- GPS-Tracker: Diese Geräte können (ältere) Menschen dabei unterstützen, ihre Position und ihren Standort zu bestimmen und sie bei der Navigation in unbekannten Gebieten unterstützen.

Wearables können Menschen dabei helfen, ihre Gesundheit und ihre Lebensqualität zu verbessern, indem sie sie zur Bewegung anregen, ihnen Feedback über ihre Aktivitäten und ihre Vitalwerte geben und ihnen dabei helfen, ihre Ziele zu erreichen. Durch die Verwendung von Wearables können Menschen auch besser überwacht werden, was bei der Früherkennung von gesundheitlichen Problemen hilfreich sein kann. Wichtig dabei ist, dass eine präzise Messung vorgenommen und das Wearable von den Anwendern nicht als Fremdkörper wahrgenommen wird. Form und Material sind also ausschlaggebend für den „Erfolg" des Wearables.

Ein Beispiel für ein Wearable ist das Produkt *moio.care*. Dabei handelt es sich ein dünnes flexibles Sensormodul, das von den Anwendern mithilfe von speziellen Pflastern am Rücken getragen wird.

Hierzu erklärt *Jürgen Besser*, Hersteller und Geschäftsführer der Moio GmbH:

„Dank seiner besonderen Form und des weichen Materials wird es vom Träger nicht gesehen und kaum gespürt. Damit sind wir das erste Wearable, das auch von Menschen mit Demenz tatsächlich akzeptiert wird, weil sie gar nicht wissen, dass es da ist. Das Problem vieler anderer am Markt verfügbarer Lösungen ist, dass sie oft in Form von Armbanduhren, Halsketten, Gürtelschnallen oder Schuheinlagen daherkommen. Diese werden entweder als Fremdkörper wahrgenommen und entfernt, oder es muss sichergestellt werden, dass sie tatsächlich getragen werden, wenn die Person sich beispielsweise verläuft. Viele Wearables, die in die Kleidung integriert sind, sind für den Anwendungsfall der Demenzbetreuung überhaupt nicht tauglich. Unser System liegt direkt auf der Haut und unter der Kleidung, sodass wir rund um die Uhr – auch nachts – den Körperkontakt kontrollieren und damit die Funktion unseres Moduls sicherstellen können.“ [45]

Statt Rohdaten auf einen Server zu übertragen und dort zu analysieren, erfolgt dieser Schritt auf dem Sensor selbst. Nur notwendige Daten werden kommuniziert, was nicht nur in puncto Ethik, Datensicherheit und -sparsamkeit relevant ist, sondern auch für eine erhöhte Akzeptanz bei den Betroffenen sorgt. Über Mobilfunk/GSM oder Bluetooth werden die Daten auf eine Cloud übertragen, weshalb ein System wie *moio.care* auch im privaten Anwendungsfall genutzt werden kann, da es keiner zusätzlichen Infrastruktur bedarf. Die Cloud sendet relevante Informationen, wie die Veränderung des Gesundheitszustandes, anschließend via Push-Nachricht auf das Smartphone des Pflegers bzw. der betreuenden Person.

Im Bereich von Ambient Assisted Living findet eine Vielzahl von Sensoren Anwendung – in Abhängigkeit der individuellen Bedürfnisse der Nutzer. Innovative Sensorik wird zur gezielten Erfassung von Zuständen des Individuums und zur Diagnoseunterstützung genutzt. Anwendungsbeispiele im Bereich der Vital-, Körper-, Verhaltens- und Umgebungssensoren sind:

- Biosignale, z. B. EKG, Blutsauerstoff, Blutdruck, Puls, Atmung, Körpertemperatur,
- Verhalten, z. B. Bewegung (Stürze), Aktivität, Emotionen,
- Umgebungsparameter, z. B. Raumtemperatur, Füllstände oder Betriebszustand von Geräten etc.

Ein solcher Sensor verbessert den Austausch zwischen Betroffenem und Pfleger, ohne dass sich die beiden im selben Raum befinden müssen. Wearables können somit je nach Anwendungsfall und technischer Umsetzung im Pflegeumfeld insbesondere die Entstehung von Druckgeschwüren, Stürzen, Desorientierung, Inkontinenz und Dehydration erkennen. Aufgrund der damit einhergehenden vereinfachten Betreuung, nicht zuletzt durch die Ermöglichung von beispielsweise mehr Bewegungsspielraum, Freiheit, Lebensqualität und Selbstbestimmung, profitieren sowohl Pflegepersonal als auch Betroffene vom Einsatz solcher Technologien.

5.16 Bauliche Sensoren

Besonders für ältere Menschen stellen Stürze ein enormes Gesundheitsrisiko dar und nehmen mit steigendem Alter in ihrer Häufigkeit deutlich zu. Weitaus gefährlicher wird es, wenn die betroffene Person nicht mehr selbstständig aufstehen kann und der Sturz nicht oder erst spät von anderen bemerkt wird. Eine gezielte Sturzprävention ist für den Erhalt von Gesundheit und Lebensqualität dementsprechend ebenso bedeutsam wie die schnellstmögliche Erkennung eines Sturzes.

Die Weltgesundheitsorganisation (WHO) definiert einen Sturz als *„eine unbeabsichtigte Landung auf dem Boden oder einer anderen Ebene, die nicht auf eine offensichtliche medizinische Ursache oder Ohnmacht zurückzuführen ist.“* [46]

Diese Definition schließt auch Stürze ein, die aufgrund von Umweltfaktoren wie rutschigen Böden, unebenem Gelände oder schlechter Beleuchtung auftreten. Selbstverständlich können Stürze bei Menschen jeden Alters auftreten, sie kommen jedoch häufiger bei älteren Erwachsenen vor und können schwerwiegende Folgen nach sich ziehen, insbesondere wenn sie zu Knochenbrüchen oder anderen Verletzungen führen.

Ein berührungsempfindlicher Fußboden kann durch die eingebaute Technologie erkennen, wenn Menschen stürzen und Hilfe benötigen. Der im Boden verbaute Sensor registriert, sobald eine Person den Boden betritt bzw. eine Erschütterung vorliegt. Ein Sturzsensor im Fußboden besteht in der Regel aus mehreren Schichten, die übereinander angeordnet sind. Die oberste Schicht bildet dabei den eigentlichen Bodenbelag, beispielsweise aus Holz oder Laminat. Darunter befindet sich eine Schicht aus Sensoren, die in der Lage sind, die Belastung und Bewegungen auf der Oberfläche zu registrieren. Diese Sensoren können auf verschiedene Weise aufgebaut sein. Zum Beispiel können sie aus Dehnungsmessstreifen bestehen, die sich unter Belastung verformen und dadurch eine Veränderung des elektrischen Widerstands aufweisen. Alternativ können auch piezoelektrische Sensoren eingesetzt werden, die auf Druck oder Bewegung reagieren und dabei elektrische Signale erzeugen.

Die erfassten Daten werden anschließend an einen Computer oder Mikrocontroller weitergeleitet, der die Informationen analysiert und anhand von vordefinierten Mustern oder Algorithmen Stürze auswertet und identifiziert. Bei einer erkannten Sturzgefahr kann das System automatisch Alarm auslösen, beispielsweise durch das Senden eines Notrufs an ein zentrales Überwachungssystem oder durch das Aktivieren eines akustischen Alarms.

Ein Sturzsensor im Fußboden kann in verschiedenen Bereichen eingesetzt werden, darunter z. B. in Krankenhäusern, Pflegeheimen, Rehabilitationseinrichtungen oder auch in privaten Haushalten von Personen mit erhöhtem Sturzrisiko. Es ist jedoch wichtig zu beachten, dass ein Sturzsensor im Fußboden allein keine Garantie für die Vermeidung von Stürzen darstellt, sondern nur als unterstützende Maßnahme eingesetzt werden sollte.

6 Unterstützung in Bad und Haushalt

Höhenverstellbare Küchen, Toiletten und Waschtische, elektrische Wasserhähne, Herdwächter, smarte Betten, barrierefreie Tresore: Im häuslichen Umfeld gibt es eine Reihe an Vorrichtungen und Technologien, die Menschen den Alltag erleichtern und ihnen ein selbstständigeres Leben ermöglichen können. Familienangehörige oder pflegende Personen im selben Haushalt werden durch die technischen Unterstützungen entlastet. Besonders im Zusammenleben verschiedener Personengruppen ist an dieser Stelle ein großes Potenzial für Unterstützung gegeben – komfortabel und stressfrei.

Auch Erweiterungen für Rauchmelder, zum Beispiel für Hörgeschädigte, barrierefreie Videotürsprechanlagen, Hausnotrufsysteme, elektrische Türen und Fenster sowie barrierefreies Lichtmanagement mit individueller Anpassungsmöglichkeit bezogen auf Außenhelligkeit, Farbbedarfe und Biorhythmus sind hier zu nennen. Eine gute Auswahl und Übersicht bietet das regelmäßig erscheinende Produkthandbuch „Besser Leben mit Komfort & Qualität" der Deutschen Gesellschaft für Gerontotechnik [47].

Ein berührungssensibler Fußboden ist ein weiteres Beispiel für eine innovative Alltagshilfe. Dieser erkennt, wenn der Betroffene mit dem Rollstuhl ins Bad rollt und löst sodann ein Absenken der Toilette aus, damit die Person selbstständig die Toilette benutzen kann.

Derlei Systeme ermöglichen zudem ein automatisches Monitoring. Durch die Anwendung dieser Technologien lassen sich Barrieren reduzieren oder gar aufbrechen. Dadurch kann der Weg dafür geebnet werden, dass Betroffene wieder über längere Passagen allein zu Hause leben und ihren Alltag bestreiten können.

Diese Alltagshelfer erfahren eine laufende Optimierung und Ergänzung bzw. Erweiterung. Im Rahmen eines Forschungsprojektes der Technischen Universität Wien wurde beispielsweise eine Toilette in der Form weiterentwickelt, dass diese imstande war, Proben automatisiert auszuwerten und auf diese Weise die Wirksamkeit von Medikamentengaben und die damit einhergehenden Veränderungen im Körper zu messen und weiterzuleiten.

6.1 Exkurs: Human Centric Lighting

Um die besonderen Bedarfe bestimmter AAL-Zielgruppen sowie den Beitrag entsprechender Systeme zu verdeutlichen, erfolgt an dieser Stelle ein Exkurs zum Konzept des Human Centric Lighting.

Human Centric Lighting (HCL) ist eine Beleuchtungstechnologie, die darauf abzielt, das Wohlbefinden, die Gesundheit und die Leistungsfähigkeit von Menschen zu verbessern.

„Licht dient nicht nur visuellen Ansprüchen, sondern hat immer auch emotionale und biologische Wirkungen auf den Menschen. Beim Entwurf eines Lichtkonzepts steht der Mensch im Mittelpunkt – Human Centric Lighting, kurz: HCL.“ [48]

Bild 6.1 zeigt das Zusammenwirken der verschiedenen zu berücksichtigenden Ansprüche im Rahmen der HCL-Konzeptplanung auf.

Hierbei wird anerkannt, dass Menschen über einen natürlichen Tagesrhythmus verfügen, der durch Licht maßgeblich beeinflusst wird. HCL nutzt deshalb Lichtquellen, die das natürliche Tageslicht simulieren und an den individuellen Bedürfnissen und Aktivitäten des Benutzers ausgerichtet sind. Ausschlaggebend hierbei sind vor allem Beleuchtungsstärke und Farbtemperatur: Gegen Abend wird die Beleuchtungsstärke reduziert.

HCL sieht vor, dass sich das Farbspektrum des Lichtes wie beim natürlichen Licht über den Tag hinweg verändert: hohe Blauanteile in den Morgenstunden, wärmeres Licht bei Sonnenaufgang, ansteigende Blauanteile

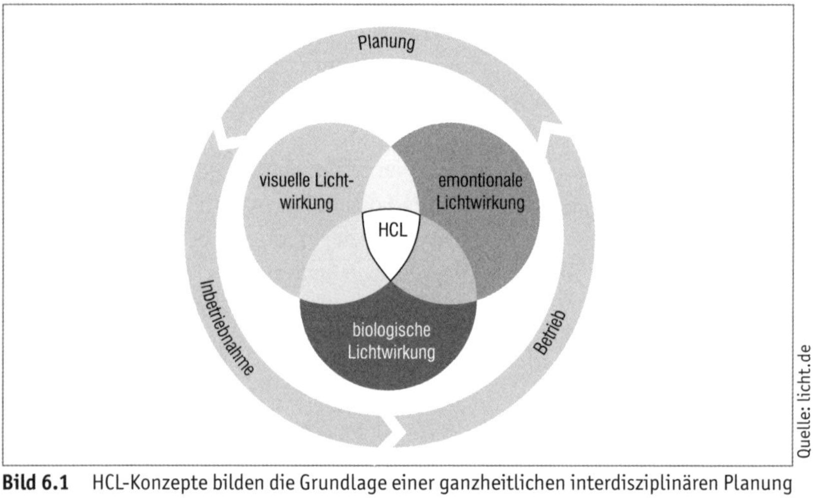

Bild 6.1 HCL-Konzepte bilden die Grundlage einer ganzheitlichen interdisziplinären Planung

zum Mittag, Abnahme der Blauanteile gegen Abend und hohe Blauanteile mit niedriger Beleuchtungsstärke nach Sonnenuntergang (sogenannte Blaue Stunde). Das sich verändernde Licht wirkt so über melanopsinhaltige fotosensitive Ganglienzellen im Auge unmittelbar auf die Synchronisation der biologischen Uhr und die Ausschüttung des Schlafhormons Melatonin aus der Zirbeldrüse [49].

So kann HCL beispielsweise dazu beitragen, den Schlaf-Wach-Rhythmus zu regulieren, die Konzentration und Produktivität zu steigern oder die Stimmung und das Wohlbefinden zu verbessern. HCL wird sowohl in privaten als auch öffentlichen Bereichen eingesetzt, wie beispielsweise in Büros, Schulen, Krankenhäusern oder Wohnräumen. *„Licht wirkt vielfältig und immer – visuell, emotional und biologisch. Human Centric Lighting (HCL) unterstützt zielgerichtet und langfristig die Gesundheit, das Wohlbefinden und die Leistungsfähigkeit des Menschen durch ganzheitliche Planung und Umsetzung der visuellen, emotionalen und insbesondere der biologischen Wirkungen von Licht.“* [48]

Speziell für ältere Menschen sind die Aspekte rund um Licht und Beleuchtung von Bedeutung, da das menschliche Auge mit steigendem Alter an visueller Leistung und Sehschärfe verliert. Der Lichtbedarf nimmt infolgedessen zu. Da sich der spektrale Transmissionsgrad der Augenlinse ebenfalls verändert, verschiebt sich die Farbwahrnehmung: Gelbe und rote Farbtöne werden besser wahrgenommen als grüne und violette, Farbnuancen werden schlechter erkannt. Eine altersgerechte Beleuchtung, beispielsweise in Seniorenheimen, wirkt sich aus auf Beleuchtungsniveau, Begrenzung der Blendung, Lichtfarbe, die Steuerung biologischer Funktionen durch Licht mit erhöhtem Blauanteil sowie die Begrenzung der Helligkeitsunterschiede.

„Das Beleuchtungsniveau für Bewohner von Alten- und Pflegeheimen muss aufgrund der altersbedingten Sehschwächen deutlich höher sein als es in den einschlägigen Normen, z. B. in EN 12464-1, festgelegt ist. Um die gleiche Sehschärfe in der Ferne zu erreichen, braucht ein 75-jähriger eine um etwa das 20-fache höhere Leuchtdichte auf dem Sehobjekt als ein etwa 40-jähriger. Wenn z. B. ein 30-jähriger für müheloses Sehen 300 lx benötigt, braucht der 70-jährige etwa 500 lx, d. h. einen um eine Stufe höheren Wert in der Skala der Beleuchtungsstärke.“ [48]

Forschungen haben gezeigt, dass eine indirekte und schattenfreie Raumbeleuchtung (500 Lux in Augenhöhe) optischen Halluzinationen vorbeugt, die Demenzkranke insbesondere nach Einbruch der Dunkelheit erheblich beeinträchtigen. *„Eine optimale Beleuchtung diene zudem als äußerer Zeit-*

geber, der den Schlaf-Wach-Rhythmus normalisiert, die Stimmung aufhellt und beruhigt. Warme Pastellfarben verstärken damit den Effekt einer guten Beleuchtung.“ [50]

Im Idealfall werden diese Erkenntnisse bereits bei der Planung von Räumlichkeiten oder deren Umgestaltung einbezogen, siehe **Bild 6.2.**

„Das setzt ein Einhalten der normativen und gesetzlichen Anforderungen voraus. Gegenüber den bisher üblichen Planungen einer statischen Beleuchtung zeichnen sich HCL-Konzepte dadurch aus, dass sie dynamisch ausgelegt sind und zielgerichtet und langfristig betrachtet werden.“ [48]

Die Fördergemeinschaft „Gutes Licht“ des ZVEI hat einen Leitfaden Human Centric Lighting (HCL) für Planung und Anwendung [48] verfasst, der online frei verfügbar ist.

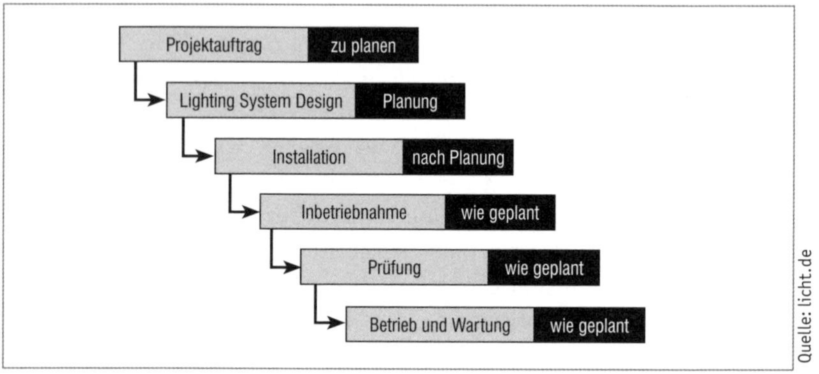

Bild 6.2 Planungs- und Realisierungsphasen im Rahmen der Lichtplanung

6.2 Besondere Anforderungen an die elektrische Sicherheit

An die in den entsprechenden Räumlichkeiten vorherrschende elektrische Sicherheit werden besondere Anforderungen gestellt. Dies gilt insbesondere insoweit, als die in diesem Werk behandelte Zielgruppe oftmals über den Regelfall hinausgehende und vereinzelt spezifische Faktoren in sich vereint. Eine besondere Bedeutung wird hierbei den elektrischen Prüfungen und Wiederholungsprüfungen nach DIN VDE zugemessen. Von Privathaushalten abgesehen, gelangt die DGUV Vorschrift 3 (früher BGV A3) in allen gewerblich genutzten Objekten, z. B. Pflegeheimen, Seniorenzentren, im betreuten Wohnen und ähnlichem zur Anwendung. Diese berufsgenossenschaftliche

Vorschrift regelt verbindliche Vorgaben für die Prüfung der festen und der ortsveränderlichen Betriebsmittel und der zugrunde liegenden Zeiträume.

Die DGUV Vorschrift 3 betrifft vor allem folgende Normen:

- DIN VDE 0100-600 (VDE 0100-600): 2017-06 – Errichten von Niederspannungsanlagen, Teil 6: Prüfungen
- DIN VDE 0105-100/A1 (VDE 0105-100/A1): 2017-06 – Betrieb von elektrischen Anlagen, Teil 100: Allgemeine Festlegungen; Änderung A1: Wiederkehrende Prüfungen
- DIN EN 50678 (VDE 0701): 2021-02 – Allgemeines Verfahren zur Überprüfung der Wirksamkeit der Schutzmaßnahmen von Elektrogeräten nach der Reparatur
- DIN EN 50699 (VDE 0702): 2021-06 – Wiederholungsprüfung für elektrische Geräte

Auch für den Fall, dass die DGUV Vorschrift 3 nicht zur Anwendung kommt, wird nachhaltig angeraten, die Wiederholungsprüfung durchzuführen.

7 Chancen, Herausforderungen und Ausblick

7.1 Chancen, die AAL bietet

Die vergangenen Kapitel haben die Vielseitigkeit und das enorme Innovationspotenzial von AAL bereits deutlich demonstriert. AAL bietet zweifelsohne eine Bandbreite an Chancen und die zu beobachtende Entwicklung ist vielversprechend. Es ergeben sich fortlaufend neue Potenziale sowohl für Geschäftsideen als auch für Einsparungen. Gleichzeitig sorgt AAL für eine stetige Verbesserung der Lebensqualität einer immer älter werdenden Gesellschaft und leistet einen wertvollen Beitrag zur Vernetzung in einer zunehmend digitalisierten Welt. Besonders hervorzuheben sind dabei folgende Punkte:

- **Verbesserte Lebensqualität:** Durch den Einsatz von AAL-Technologien können ältere Menschen länger unabhängig und sicher in ihren eigenen vier Wänden leben. AAL-Technologien können beispielsweise dabei helfen, die täglichen Aktivitäten zu bewältigen, die soziale Isolation zu verringern und die Lebensqualität zu verbessern.
- **Unterstützung für pflegende Angehörige:** AAL-Technologien können pflegende Angehörige entlasten und unterstützen, indem sie beispielsweise bei der Überwachung von Gesundheitsparametern wie Blutdruck oder Blutzucker helfen, Erinnerungen für Medikamente bereitstellen oder bei der Pflegeassistenz unterstützen.
- **Kosteneinsparungen:** Durch die Verwendung von AAL-Technologien können die Kosten für die Gesundheitsversorgung insgesamt reduziert werden, da ältere Menschen länger in ihrer eigenen Umgebung bleiben können, anstatt in teuren Einrichtungen untergebracht zu werden.
- **Verbesserte Gesundheitsversorgung:** AAL-Technologien können auch dazu beitragen, die Qualität der Gesundheitsversorgung zu verbessern, indem sie beispielsweise die Genauigkeit der Diagnose und die Effektivität der Behandlung verbessern und die Überwachung von Gesundheitsparametern erleichtern.
- **Förderung von Innovationen:** Der Bereich der AAL-Technologien bietet ein großes Potenzial für Innovationen und Fortschritte in der Gesundheitsversorgung. Die Entwicklung und Umsetzung von AAL-Technologien können dazu beitragen, neue Arbeitsplätze zu schaffen und die Wirtschaft anzukurbeln.

Es gibt Anlass zur Annahme, dass sich AAL auch in den nächsten Jahren rasant weiterentwickeln wird:

Aufgrund der demografischen Entwicklung ist eine steigende Akzeptanz der Systeme innerhalb der Bevölkerung zu registrieren.

„Der demografische Wandel ist keine nationale Besonderheit, sondern in allen Industriestaaten feststellbar. Dementsprechend ist zu erwarten, dass der Markt für AAL-Produkte kein nationaler, sondern ein europäischer oder sogar globaler Markt sein wird. Somit ist es sinnvoll, internationale oder zumindest europäische Normen für AAL zu etablieren, um nicht durch inkompatible nationale Normen die Einführung von AAL-Systemen auf dem europäischen Binnenmarkt (und darüber hinaus) zu behindern. Das bedeutet, dass das gesamte AAL-Umfeld übergreifend und möglichst in allen Facetten international beleuchtet wird.“ [6]

Die Entwicklung einer gemeinsamen Interoperabilität, nicht nur auf nationaler, sondern vielmehr auf globaler Ebene, sorgt für eine einheitliche Kommunikation. Ein gegenseitiger Austausch fördert dabei den Wettbewerb.

Die Erarbeitung von Normen und Standards führt die interessierten und beteiligten Kreise in einen gemeinsamen Dialog. Des Weiteren sorgen übergreifende Standards für Kosteneinsparungen in der Industrie und Entwicklung.

7.1.1 Geschäftsfelder für eine breite Zielgruppe

Die Nachfrage nach technischen Systemen, die die Tätigkeiten des Alltags erleichtern oder übernehmen, steigt stetig an. Der Markt für Orientierungs-, Unterstützungs- und Hilfsangebote boomt. Das Institut für Arbeit und Technik Gelsenkirchen veranschlagt das Marktpotenzial von AAL gar mit bis zu einer Million Arbeitsplätzen, wenn die Bedürfnisse und Kaufkraftpotenziale der Älteren verstärkt beachtet werden [51].

Die Entwicklung von AAL-Produkten ist eng mit Fragen der Digitalisierung verbunden. Immer mehr Geräte werden intelligent gesteuert, miteinander vernetzt und überwacht. So verknüpfen sich Aspekte der AAL mit denen des Smart Home. Gleichzeitig stellen die neuen Produkte und Dienstleistungen besondere Anforderungen an die Qualifikationen derjenigen, die sie bereitstellen. Traditionelle Berufsbilder und Tätigkeitsfelder ändern sich, neue Kompetenzen und gewerkeübergreifende Kooperationen sind notwendig.

Da die Assistenzsysteme für ältere und beeinträchtigte Menschen zunehmend intelligenter werden und darüber hinaus Funktionen bieten, die auch den Lebensalltag von Menschen ohne expliziten Unterstützungsbedarf komfortabler gestalten, ergibt sich ein Trend: Manche ursprünglich nur für den Bereich AAL entwickelte Spezialprodukte werden in ihrer Funktionalität so modifiziert, dass sie für breite Zielgruppen interessant werden. Dadurch eröffnet sich ein beträchtlicher Markt, sodass Produkte in größerer Stückzahl angeboten und kostengünstiger hergestellt werden können.

Diese Entwicklung entspricht den wichtigsten Trends der Gegenwart, besonders der alle Lebensbereiche umfassenden Digitalisierung und der zunehmenden Nutzung von Technologien des Internets der Dinge (IoT). Demnach eröffnen sich für Unternehmen auf dem AAL-Gebiet vielfältige neue, moderne Geschäftsfelder, die weit über die ursprüngliche Zielgruppe der Assistenzsysteme hinausgehen. Einige dieser haben infolge ihrer Neuartigkeit und Attraktivität das Potenzial, bestehende Produkte oder Dienstleistungen zu verdrängen oder gänzlich zu ersetzen. Die Schnelllebigkeit der Moderne und besonders der Entwicklungen des IoT eröffnet den Elektrobetrieben demnach Chancen auf eine breitere Zielgruppe und aussichtsreiche Geschäftsfelder. Zugleich gilt es aber, Trends und Marktentwicklungen stets im Blick zu behalten und den Wandel der aktuellen Nutzerbedürfnisse mitzuverfolgen. Nur wer die Nachfrage kennt, kann adäquat reagieren und marktgerechte Angebote schaffen.

7.1.2 Neue Berufsfelder

Für eine Vielzahl an Handwerksberufen – vom Tischler bis zum Anlagenmechaniker – ergeben sich mit der Ausrichtung auf AAL attraktive Geschäftsfelder. Zugleich setzt der Einfluss der Digitalisierung einen notwendigen Wandel klassischer Berufsbilder in Gang, die bei der Konzipierung, Herstellung und Wartung von technischen Assistenzsystemen unabdingbar sind. Gerade für Systemelektroniker und Elektrotechniker wird es gar eine Notwendigkeit sein, sich auf AAL-Geschäftsfelder auszurichten und gewerkeübergreifend zu arbeiten. Der ZVEH hat daher zum Ausbildungsjahr 2021/2022 einen neuen elektrohandwerklichen Ausbildungsberuf geschaffen, der diesem Erfordernis Rechnung trägt: den/die Elektroniker/-in für Gebäudesystemintegration.

Es handelt sich dabei um eine duale Ausbildung von 3,5 Jahren mit folgenden Inhalten:

- Integration von Smart-Home- und Energiemanagementsystemen,
- Konzeption, Programmierung und Parametrierung von Gebäudesystem- und Netzwerktechnik,
- technische Planung und Integration gebäudetechnischer Anlagen und Systeme.

Nach Abschluss der Ausbildung ergeben sich für die Absolventen diverse Einsatzbereiche. Hierzu zählen Betriebe des Elektro- und informationstechnischen Handwerks, IT-Systemhäuser, smarte Wohn- und Gewerbegebäude, Industrieunternehmen, Betriebe der E-Handwerke sowie technische Gebäudeausrüster [52].

Mit der Neuausrichtung der Geschäftsfelder auf AAL-Technologien entstehen aber auch neue Leistungsanforderungen und ein Bedarf an spezifischen Fähigkeiten, die bisher nur in geringem Maße gefragt waren. Neben Kenntnissen zur Installation, Wartung und Programmierung von AAL-Systemen braucht es grundsätzlich die Fähigkeit zum systemischen Denken sowie zur Verknüpfung von Einzelkomponenten und zum Schnittstellenmanagement. Nicht zuletzt werden Kompetenzen zu IT-Betriebssystemen und ihren Komponenten verlangt.

Elektroniker für Automatisierungstechnik und Elektroniker für Energie- und Gebäudetechnik, aber auch Elektroniker für industrielle Bereiche eignen sich besonders für die Weiterqualifikation im AAL-Bereich. Unter Berücksichtigung persönlicher Ambitionen und fachlicher Ausrichtung kann eine Weiterbildung von Facharbeitern, Ingenieuren und auch Absolventen sozialer Berufe die für AAL erforderlichen Qualifikationen vermitteln. Studienabgänger von MINT (Mathematik, Informatik, Naturwissenschaft, Technik)-Fächern gelten für die Ansprüche des Managements (z. B. AAL-Lösungs- und Systementwickler sowie AAL-Consultant) als geeignet.

Das „CompAAL"-Projekt der European Standardisation Organization hat analysiert, welche Berufe im Zusammenhang mit der Schaffung von Angeboten auf dem Gebiet des Active Assisted Living aktuell und in näherer Zukunft besonders wichtig sind und welche Kenntnisse, Fähigkeiten und anderen Kompetenzen gebraucht werden, um die anstehenden Aufgaben zu bewältigen. Dabei wurden fünf Berufsbilder identifiziert (**Tabelle 7.1**) [51].

Um im AAL-Bereich erfolgreich zu sein, ist es notwendig, dass die Akteure über ein breites Spektrum an Kompetenzen verfügen. Aus diesem Anspruch erwächst ein stetiger Bedarf an Weiterbildungsmöglichkeiten und Zusatzqualifizierungen. Um die Akteure bei der Kompetenzerweiterung zu unterstützen, kann es ratsam sein, allgemeingültige Definitionen für solche Maßnahmen zu erarbeiten.

(1) AAL-Wartungsspezialist/in (technikorientiert)
Er/sie installiert, konfiguriert und wartet AAL-Produkte, Komponenten und Systeme. Zu seinen/ihren Aufgaben gehören: – die Fehlersuche, der Austausch oder die Reparatur von Einzelteilen oder Teilen des Systems, – die Kosten- und Komplexitätskalkulation für die Wartung sowie – die Installierung des Systems inkl. Internetverbindung, Updates und Upgrades.
(2) AAL-Consulant/in (kundenorientiert)
Er/sie fungiert zwischen dem Bereich der Technik und dem Nutzer/Privatkunden. Zu seinen/ihren Aufgaben gehören: – die Marktanalyse sowie die Identifizierung von Markttrends und Nutzeranforderungen, – die Evaluierung von Kundenbedürfnissen und Formulierung von Beratungsstrategien sowie – die Vorbereitung von Verträgen und das Verhandeln mit den Anbietern.
(3) AAL-Community-Manager/in (kundenorientiert)
Er/sie stellt die interaktive Umgebung für gewerbliche Kunden und Pflegedienstleister zur Verfügung. Zu seinen/ihren Aufgaben gehören: – die Installation und Moderation von sozialen Netzwerken und Foren, – die Initiierung von gemeinschaftlichen Anwendungen sowie – die Anleitung der Kunden und potenziellen Interessengruppen.
(4) AAL-Lösungs- und Systementwickler/in (entwicklungsorientiert)
Er/sie entwickelt, implementiert und integriert komplexe IKT-Lösungen. Zu seinen/ihren Aufgaben gehören: – die Auswahl und Planung der benötigten Technik, – die Implementierung benötigter Funktionen in Software sowie – die Entwicklung relevanter Testfälle und die Implementierung von Testsystemen.
(5) AAL-Systemarchitekt/in (entwicklungsorientiert)
Er/sie entwickelt, implementiert und integriert komplexe IKT-Lösungen. Zu seinen/ihren Aufgaben gehören: – die Analyse und Identifizierung der Komplexität der Anforderungen, – das Design der IT-Struktur und die Identifizierung der benötigten Prozesse sowie – das Definieren der technischen und menschlichen Schnittstellen.

Tabelle 7.1 Fünf zukunftsfähige Berufsbilder, die im Rahmen des „CompAAL"-Projekts der European Standardisation Organization analysiert wurden

7.1.3 Spezifische Ausrichtung auf Kundenbedürfnisse

Ein Geschäftsmodell ist insbesondere dann nachhaltig wirtschaftlich tragfähig, wenn es möglichst exakt die Bedürfnisse und Wünsche der Kunden trifft. Gerade im Bereich von AAL ist eine spezifische Anpassung der Systeme und Produkte an die individuellen Bedürfnisse der Nutzer essenziell. Es gilt demnach, die potenziellen Kundengruppen zu identifizieren und das eigene Geschäftsfeld auf deren Bedürfnisse anzupassen. Dabei geht es zunächst weniger um die konkreten technischen Lösungen als um die Aufgaben, die die Produkte bzw. Dienstleistungen entsprechend den spezifischen Kundenbedürfnissen erfüllen müssen.

Für AAL-Angebote lassen sich vor allem drei Kundensegmente identifizieren: Wohnungsbauunternehmen, Pflegeeinrichtungen und Privatpersonen. Da alle unterschiedliche Bedarfsansprüche an AAL-Produkte und -Dienstleistungen stellen, lohnt sich eine Spezialisierung der Betriebe auf die Bedürfnisse eines der genannten Kundensegmente.

Für Wohnungsbauunternehmen sind vor allem all jene Angebote interessant, die zum einen Komfort bieten, also über die klassische Zielgruppe assistenzbedürftiger Menschen hinausgeht, als auch Sicherheit gewährleisten, indem Risiken und Gefahren minimiert werden. Beispiele hierfür sind alle Schnittpunkte der AAL-Systeme mit den Technologien eines „Smart Home“, sensorgesteuerte Alarmsysteme oder automatisierte Notrufsysteme.

Für Pflegeeinrichtungen ist das Bedürfnis nach Gesundheit von zentraler Bedeutung, sowohl für die zu Pflegenden als auch für das Pflegepersonal selbst. Betriebe, die ihr Geschäftsfeld maßgeblich auf dieses Kundensegment ausrichten, sollten sich deshalb auf Assistenzsysteme fokussieren, die darauf ausgerichtet sind, Gesundheit zu bewahren. Neben automatisierten Notrufsystemen sind hier beispielsweise auch Pflegeroboter oder die sensorgesteuerte Erfassung medizinischer Parameter gemeint, um Pflegeleistungen bedarfsgerecht anzupassen.

Die breite Nutzungsmöglichkeit von AAL-Produkten und die damit einhergehende Verbilligung macht auch Privatpersonen zu einem aussichtsreichen Kundensegment für Betriebe. Das Geschäftsfeld ist hier so individuell wie die Menschen selbst. Neben Komfort und Sicherheit gilt die Erhöhung der Lebensqualität als wichtiger Maßstab der bedarfsgerechten Planung. Dem Kunden steht hierbei die gesamte Bandbreite der AAL-Systeme und Dienstleistungen zur Verfügung. Eine individualisierte Bedarfsanalyse ist ausschlaggebend für eine erfolgreiche Zufriedenstellung von Kunde und Betrieb.

7.2 Herausforderungen

Natürlich ergeben sich auch im Bereich AAL Herausforderungen, die es zu lösen gilt, um die volle Umsetzung und Nutzung der Technologie zu ermöglichen. Dazu gehören beispielsweise nachhaltige Geschäftsmodelle, eine intuitive, nutzerfreundliche Bedienbarkeit, die Integration mit dem Gesundheitswesen und die Ausbildung qualifizierter Fachkräfte in den Bereichen Planung, Installation und Technik. Einige der wesentlichen Herausforderungen sind:

- **Datenschutz und Datensicherheit:** Da AAL-Systeme Daten über die Bewohner sammeln, ist es wichtig sicherzustellen, dass diese Daten sicher und privat bleiben. Es ist daher unerlässlich, Technologien und Standards zu entwickeln, die den Schutz der Privatsphäre der Benutzer gewährleisten.
- **Interoperabilität:** Viele AAL-Systeme sind proprietär und können nicht mit anderen Systemen kommunizieren, was die Integration mit diesen erschwert. Es ist notwendig, Standards und Protokolle zu entwickeln, die die Interoperabilität zwischen verschiedenen Systemen erleichtern.
- **Akzeptanz durch Benutzer:** Ein weiteres Hindernis für die Umsetzung von AAL-Systemen ist die Akzeptanz durch die Benutzer. Ältere Menschen sind oft skeptisch gegenüber neuer Technologie und benötigen möglicherweise Unterstützung bei der Einführung von AAL-Systemen in ihr Leben.
- **Finanzierung:** Die Finanzierung von AAL-Systemen kann eine Herausforderung sein, insbesondere in Ländern mit begrenzten finanziellen Ressourcen für die Gesundheits- und Sozialfürsorge.
- **Ethik:** Die Entwicklung und Umsetzung von AAL-Systemen wirft ethische Fragen auf, insbesondere im Hinblick auf den Einsatz von Überwachungstechnologie und die Entscheidungsfindung im medizinischen Bereich. Es ist wichtig, sich mit diesen Fragen auseinanderzusetzen und sicherzustellen, dass die AAL-Systeme ethischen Standards entsprechen.

Das Thema Interoperabilität soll im Rahmen dieses Buches und im Interesse der Leserschaft noch einmal genauer beleuchtet werden: Da im Bereich AAL unterschiedliche Industriezweige aufeinandertreffen, ist eine der größten Herausforderungen die Interoperabilität, also das möglichst reibungslose Zusammenspiel der verschiedenen Technologien und Systeme unter Einhaltung gemeinsamer technischer Normen.

Ein entscheidendes Merkmal von AAL-Systemen ist die Fähigkeit zur Vernetzung. Jedoch ändern sich die Anforderungen eines Nutzers im Laufe der Zeit, weshalb sich ein System flexibel mitentwickeln können muss. Weil es aber unmöglich ein universelles System geben kann, das allen Anforderungen gerecht wird, müssen einzelne AAL-Komponenten nach Bedarf miteinander kombinierbar sein.

Wie in diesem Buch skizziert, treffen im Bereich AAL Produkte, Komponenten und Hersteller aus den verschiedensten Marktsegmenten aufeinander, zum Beispiel:

- Medizintechnik,

- Gebäudeautomation,
- Unterhaltungselektronik,
- Hausgeräte,
- Mikrosystemtechnik,
- Telekommunikation.

Diesen liegen unterschiedlichste Normen, Terminologien und Produkte zugrunde. Des Weiteren unterscheiden sich die Märkte teils stark in puncto Preissensibilität oder Vertrieb. Es ist nahezu unmöglich, dass ein Hersteller ein System baut, das alle Komponenten der genannten Bereiche vereint. Hierfür erforderlich wären herstellerübergreifende genormte Schnittstellen, eine explizite Normung von Dateiformaten sowie deren eindeutige Interpretation.

Systemarchitekten, Entwickler und Systemintegratoren stehen vor der enormen Herausforderung, den Überblick über die Vielzahl an relevanten Standards und Normen zu behalten und ihre Arbeit gemäß dieser zu verrichten. Es folgt eine Übersicht [53]:

- kabelgebundene Netzwerke: Ethernet (32 Varianten!), HomePlug, HomePlug AV,
- Punkt-zu-Punkt: DisplayPort, DVI, FireWire, HDMI, SCART, USB,
- Feldbusse: BACnet, BatiBUS, EHS, KNX/EIB, LON,
- drahtlose Netze: WLAN, ZigBee, Z-Wave, EnOcean, Bluetooth, DECT, HomeRF,
- Netzwerkprotokolle: AFP, BitTorrent, Bonjour/Zeroconf, CalDAV, CUPS, DHCP, DNS, DPWS, DynDNS, FTP, HTTP, IMAP, IPP, IRC, JetDirect, LDAP, LPR, NAT-PMP, NFS, OMA DM, POP3, RTP, RTSP, SIP, SMB, SMTP, SNMP, SSDP, SSH, TFTP, TR-069, UPnP, WebDAV, CHAIN/AIS, SML,
- Medizintechnik: aECG, CCD, CCR, CDA, DICOM, EDF, EDIFACT, HL7, IHE, ISO/EN 13606, ISO/IEEE 11073, PHMR, SCP-ECG, xDT, XPHR, ICD-10, ICHI, ICPM, LOINC, OPS, SNOMED, UCUM, UMLS,
- Laufzeitumgebung: OSGi, .NET, Linux, MIDP,
- Middleware: Agentensystem, SOA, ereignisbasiert, URC.

Der Traum von einer konkreten Norm für jede Aufgabe oder Schnittstelle ist leider noch nicht Realität. Stattdessen überlappen oder konkurrieren Standards unterschiedlicher Herstellergruppen oftmals miteinander, wie zum Beispiel in folgenden Bereichen:

- Gebäudeautomation: KNX/EIB, LON, BACnet,
- drahtlose Netze: Bluetooth, ZigBee, WLAN, Z-Wave,
- EKG-Dateiformate: DICOM, HL7 aECG, SCP-ECG.

Eine weitere Herausforderung ergibt sich im Bereich der Versorgungsstrukturen und der IT des Gesundheitswesens. Sind AAL-Systeme in einem privaten Haushalt installiert, so können diese die Gesundheit der betroffenen Person 24/7 überwachen. Auf diese Weise können Notfälle früh erkannt, die Datenlage verbessert und eine engere Einbeziehung der Patienten gewährleistet werden. Um die von den AAL-Systemen erfassten Daten jedoch an den Haus- oder Facharzt übermitteln zu können, braucht es eine IT-Verbindung zwischen der häuslichen Umgebung und der des Gesundheitssystems. In der Regel sind die Infrastrukturen der Kliniken und Praxen darauf jedoch nicht ausgelegt, ebenso fehlen Normen und Standards für einen solchen Datenaustausch.

Aus Kundensicht ist die größte Herausforderung in Bezug auf die Interoperabilität die Beschreibung der Produkteigenschaften und die Zertifizierung. So muss ein Endverbraucher beim Kauf einer Komponente erkennen können, ob sich diese in sein existierendes System integrieren lässt. Das kann nur funktionieren, wenn eine Einheitlichkeit in der Produktbeschreibung und in den Prüf- und Zertifizierungsprozessen für AAL existiert. *„Gebraucht werden ‚intelligente' Systeme zur Planung und Konfiguration sowie ein genormtes Format zur Beschreibung von AAL-Systemkomponenten, die in Planungssystemen hinterlegt werden können."* [54]

Zentral hierfür ist die AAL-Middleware, also die Software-Ausführungsumgebung für Assistenzsysteme. Aktuell existieren am Markt viele unterschiedliche Varianten, weshalb Komponenten schwer bis kaum miteinander kombiniert oder wiederverwendet werden können. Ein einheitliches oder wenige standardisierte Middleware-System(e) mit ausreichend vielen Nutzern wäre(n) nötig, um diese langfristig und nachhaltig weiterentwickeln zu können. Dafür bedarf es entsprechender semantischer Plattformen.

An dieser Stelle sei noch erwähnt, dass es weitere Lösungen bzw. Spezifikationen für Laufzeitumgebungen für AAL-Systeme gibt, die zwar nicht spezifisch für Anforderungen im AAL-Umfeld ausgelegt sind bzw. dafür entwickelt wurden, jedoch dafür genutzt werden können. Was fehlt, ist eine herstellerübergreifende Schnittstelle (bzw. ein darauf basierender Dienst) für die Fernwartung von AAL-Systemen. Auch ein flexibler Anschluss an verschiedenen Hausbussystemen ist bei den im Folgenden genannten Laufzeitumgebungen ohne die Nutzung gegebenenfalls proprietärer Erweiterungen nicht ohne weiteres möglich, hierzu zählen:

- Multimedia Home Plattform (MHP),
- Mobile Information Device Profile (MIDP),

- OSGi,
- Universal Plug and Play (UPnP),
- Broadband Forum TR-069,
- IHE BPPC (Basic Patient Privacy Consent),
- Universal Remote Console (URC),
- EEBus,
- Homegateway Initiative (HGI).

Es existieren jedoch bereits Projekte, die auf dieser Basis spezifische Softwareausführungsumgebungen für AAL-Dienste entwickeln, wie beispielsweise der Home-Assistant für das Smart Home [6]. In ihrem *„Internet of Things – An action plan for Europe“* hat die EU explizit drei geeignete IoT-Plattformen genannt: *FI-Ware, CRYSTAL* und *universAAL.*

Die Deutsche Normungs-Roadmap AAL erläutert hierzu: *„Together with its members and partners, FI-WARE Foundation drives the definition – and the Open Source implementation – of key open standards that enable the development of portable and interoperable smart solutions in a faster, easier and affordable way, avoiding vendor lock-in scenarios, whilst also nurturing FI-WARE as a sustainable and innovation-driven business ecosystem.“* [54]

„Crystal Group provides advanced connectivity kits for collecting and processing IoT data in the field, where office grade systems would fail. Designed for smart city, asset tracking, agriculture, smart grid, smart home, and transportation use cases, the system employs Ruckus E510 outdoor wireless access points which are connected to a Crystal Group ruggedized RCS7450 switch. Behind this network is a Crystal Group FORCE™ RS2608 rugged scalable Xeon class server which can host GPUs.“ [55]

„UniversAAL IoT is the open source platform that enables interoperability and rapid development of innovative IoT solutions. It empowers consumers to create a fully customised experience and lifestyle, accelerating and growing the potential for interconnectivity. [...] The rapid evolution of universAAL IoT ensures that new features and applications are regularly added to integrated systems, bringing endless possibilities to our middleware platform. Intelligent products and services are able to instantly interact, founding infinite possibilities for the Internet of Things. With users able to effortlessly share valuable data between devices and systems, there is the flexibility and versatility to build a completely unique lifestyle environment. Interoperability is now a possibility.“ [56]

Die Deutsche Normungs-Roadmap AAL des VDE-Verbands der Elektrotechnik Elektronik Informationstechnik e.V. hat für die nachfolgenden Felder bereits Empfehlungen ausgesprochen, um die Interoperabilität voranzutreiben [6].

Empfohlen wird eine Fernwartung von AAL-Systemen und Komponenten, um die Anwendung insbesondere für ältere Nutzer und Anwender mit geringer Technikaffinität zu vereinfachen. Dafür müssen Betreiber von Assistenzsystemen Konfigurationen, Wartungen und Fehlerbehebungen ohne physische Präsenz eines Servicetechnikers vor Ort durchführen können. Ein Dienstleister braucht dafür eine genaue Übersicht über das immer komplexer werdende AAL-System des Anwenders. Im Telekommunikationssektor gibt es bereits genormte Protokolle für die Fernwartung von Geräten.

Es besteht eine Vielzahl von konkurrierenden Ansätzen für die Gebäudeautomation, z. B. BACnet, KNX, LON, ZigBee, Z-Wave, IP500® und EnOcean. Eine Marktkonsolidierung auf einen Feldbus ist mittelfristig unwahrscheinlich. Daher müssen AAL-Systeme an verschiedene Feldbusse der Gebäudeautomation angepasst werden können, da ein Austausch der Gebäudeautomation in der Regel nicht möglich ist. Für die Software spielt es keine Rolle, ob Daten kabelgebunden oder kabellos übertragen werden und welches Protokoll zum Einsatz gelangt. Werden jedoch höhere Anforderungen an die Sicherheit, Ausfallsicherheit oder Reaktionszeit gestellt, können nur bestimmte Protokolle und ein bestimmtes Transportmedium genutzt werden. Eine abstrakte Standardschnittstelle zur Steuerung von Komponenten der Gebäudeautomation, unabhängig vom Feldbus, wäre erforderlich. Techniken wie Devices Profile for Web Services (DPWS), Universal Plug and Play (UpnP) oder das Funksystem URC können diese Schnittstelle realisieren. Eine einheitliche Fernwartung, -diagnose und -konfiguration ist derzeit nicht möglich. Ein einheitliches Protokoll oder Verwaltungswerkzeug zur Fernwartung aller Komponenten eines AAL-Systems wäre wünschenswert. Der EEBus ermöglicht den Datenaustausch zwischen hausinterner Kommunikation und Energieversorger. AAL-Anwendungen können durch die Ergänzung einer Software auf einem Elektroinstallationsbus mit Sensoren und Aktoren und einer Steuereinheit wie einem Server realisiert werden.

AAL-Systeme erlauben die fortlaufende Überwachung von medizinisch relevanten Parametern und Vitaldaten anhand von am Körper getragenen medizinischen Sensoren und Aktoren in der häuslichen Umgebung. Die gewonnenen Daten können mithilfe von drahtlosen Übertragungstechnologien wie dem Body Area Network (BAN) dem behandelnden Arzt zur Diagnostik und Therapie zur Verfügung gestellt werden. Assistenzsysteme enthalten außerdem oft lokale Auswertealgorithmen, die bei Überschreitung oder Unterschreitung bestimmter Grenzwerte für Vitalparameter, z. B. beim Reha-Sport, das Training abbrechen können. Diese Grenzwerte werden individuell für jeden Patienten festgelegt. Deshalb ist auch eine Kommunikation in die entgegengesetzte Richtung für die Konfiguration eines Assistenzsystems notwendig. Dies erfolgt beispielsweise durch die Bereitstellung ärztlicher Informationen aus Krankenhäusern oder Praxen. Obwohl es eine Vielzahl an einschlägigen Normen und Spezifikationen für den Datenaustausch im Gesundheitswesen gibt, die zumindest teilweise auch für AAL-Systeme anwendbar sind, können IT-Systeme in Krankenhäusern und Praxen derzeit nicht nahtlos kommunizieren. Zusätzlich wird die bidirektionale elektronische Kommunikation zwischen Assistenzsystemen und IT-Systemen im Gesundheitswesen in vielen Fällen proprietär für Projektimplementierungen umgesetzt. Während es in Deutschland Bemühungen um die Standardisierung und Implementierung einer elektronischen Kommunikation zwischen Ärzten gibt (z. B. elektronischer Arztbrief), ist eine elektronische Kommunikation zwischen Leistungserbringern im Gesundheitswesen und dem „Gesundheitsstandort häusliche Umgebung" noch selten. Eine Normierung sowie eine Implementierung dieser Norm in IT-Systemen des Gesundheitswesens ist eine notwendige Voraussetzung für eine erfolgreiche Etablierung medizinischer AAL-Systeme auf dem Markt.

Einige AAL-Systeme dienen als Alarmsystem und sind in der Lage, Notfallsituationen wie Stürze oder Herzanfälle zu erkennen und Alarm auszulösen. Allerdings gibt es bislang kein allgemein anerkanntes Verfahren zur Meldung von Notrufen durch Alarmsysteme. Die gängigen Kommunikationsprotokolle sind das Telefon und Alarmschalter mit proprietärer Anbindung, aber automatisierte Anrufe durch Maschinen sind von Notrufdiensten wie der 110/112 untersagt. Es ist daher notwendig, ein genormtes Verfahren zur Anbindung an Notrufdienste zu definieren und umzusetzen, um Alarmsysteme mit hoher Verfügbarkeit zu ermöglichen. Um Hausnotrufe zu realisieren, kann man sich auf die Norm DIN EN 50134 beziehen, die Personen-Hilferufanlagen standardisiert, und den Emergency Call (eCall) berücksichtigen, der ein von der Europäischen Union geplantes Notrufsystem für Kraftfahrzeuge ist. Ein solches System kann auch im AAL-Umfeld im Notfall schnelle Hilfe leisten.

Obwohl es bereits viele Normen für die Vernetzung von AAL-Systemkomponenten gibt, fehlen spezifische Normen und Spezifikationen für die Wissensrepräsentation in AAL-Systemen. Das macht es schwierig, semantische Interoperabilität zwischen verschiedenen Systemen zu erreichen. Derzeit gibt es erste Normungsaktivitäten zur Personalisierung von Kontextinformationen, um Nutzerpräferenzen zu beschreiben und Personalisierung auf andere Systeme zu übertragen. Eine einheitliche Nutzung von Kontextinformationen durch verschiedene AAL-Systemmodule wäre wünschenswert.

Derzeit existieren verschiedene Ansätze für die Software-Ausführungsumgebung von AAL-Diensten, langfristig wäre es jedoch problematisch, würde jedes Assistenzsystem ein eigenes Gateway benötigen. Eine einheitliche, genormte, herstellerübergreifende Ausführungsumgebung für AAL-Dienste, die eine gemeinsame Software-Infrastruktur bereitstellt und die Installation zusätzlicher Dienste erlaubt, wäre daher vorstellbar. Von Bedeutung wäre es, ein „Ökosystem" von Nutzern und Entwicklern zu etablieren, welches eine kontinuierliche Pflege und Weiterentwicklung sicherstellen kann, ähnlich wie beim App-Store für das Smartphone. Hierbei sollten die Arbeiten des EU-Projekts universAAL und der AAL Open Association berücksichtigt werden.

Da die Anbindung externer Dienste an ein AAL-System notwendig ist, bedarf es gesonderter Schnittstellen für ebendiese. Um eine Übersichtlichkeit der Bedienoberfläche für die Anwender zu gewährleisten und Missverständnisse zu vermeiden, wären einheitliche Beschriftungen, Piktogramme und Icons sinnvoll.

Um herstellerübergreifende Interoperabilität von AAL-Systemen und Komponenten zu erreichen, ist es notwendig, „typische" AAL-Anwendungen zu identifizieren und die dafür notwendigen Komponenten, Schnittstellen und Datenformate zu normen. Dabei kann das Konzept der anwendungsfallzentrierten Integrationsprofile helfen, das in der Medizintechnik erfolgreich eingesetzt wird. Es wird empfohlen, solche Prozessmodelle weiterzuentwickeln und Integrationsprofile in Zusammenarbeit mit bestehenden Konsortien wie Continua auf europäischer Ebene zu schaffen. Es ist auch wichtig, die unterschiedlichen Begrifflichkeiten und Darstellungsmöglichkeiten zwischen AAL und Smart Home anzupassen, einschließlich der Begriffe wie User Story, Use Case Templates, Use Case und Funktionen.

Für AAL-Systeme ist des Weiteren die Informationssicherheit von großer Bedeutung, da personenbezogene und sensible Daten verarbeitet werden. Dabei müssen sowohl der Datenschutz als auch die Verfügbarkeit der Systeme berücksichtigt werden. Eine geeignete IT-Sicherheitsarchitektur, die „Security by Design" berücksichtigt, muss von Anfang an in einer AAL-Systemarchitektur integriert werden. Hierbei müssen die Besonderheiten des privaten Wohnbereichs und die mögliche Speicherung und Verarbeitung von Daten in „Clouds“ beachtet werden. Außerdem sollen Normungslücken identifiziert werden, um rechtzeitig Normungsbedarf initiieren zu können. Dabei können auch die Arbeiten des Bundesamtes für Sicherheit in der Informationstechnik (BSI) zum Thema Smart Metering von Bedeutung sein, da hier ein einheitlicher technischer Sicherheitsstandard für alle Marktakteure geschaffen wurde. AAL kann als Mehrwertdienst über diesen Sicherheitsanker geführt werden.

Im AAL-Umfeld besteht also insbesondere in folgenden Punkten noch großer Handlungsbedarf:

- Schärfung der Terminologie und Abgrenzung sowie Überschneidung zu anderen Bereichen,
- ein noch stärkeres Aufgreifen der Nutzerperspektive auf allen Ebenen,
- Entwicklung von Datenmodellen und Datenstrukturen zum einheitlichen Austausch von Gesundheits- und Sicherheitsinformationen mit Informationssystemen des Gesundheitswesens sowie von AAL-Systemen,
- Entwicklung von Leitfäden zur Einschätzung, Handhabung und Entwicklung sicherer Systeme.

Zusammenfassend lässt sich also sagen, dass es in der Gestaltung eines nachhaltigen AAL-Umfeldes noch jede Menge zu tun gibt.

7.3 Fazit und Ausblick

Wie die vergangenen Seiten dieses Buches aufgezeigt haben, umfasst AAL ein breites Spektrum an Möglichkeiten, um die Lebensqualität in jedem Bereich, Alter und Gesundheitszustand zu unterstützen und zu verbessern. Verschiedenste Konzepte und Assistenzsysteme können ein sicheres, gesundes und komfortables Leben im häuslichen Umfeld und darüber hinaus ermöglichen. AAL-Konzepte bieten heute wirtschaftliche und sinnvolle Lösungen, unter anderem für die Gesunderhaltung und das persönliche Wohlbefinden.

Es ist nicht übertrieben zu behaupten, dass Active Assisted Living zudem eine der größten Chancen in der Geschichte der Menschen auf ein echtes Miteinander ist. Es ermöglicht allen Mitgliedern unserer Gesellschaft, am Gemeinschaftsleben teilzunehmen und stellt damit die wahrscheinlich reinste Form von Barrierefreiheit dar. Einerseits eröffnet es den Betroffenen ein selbstbestimmtes und eigenverantwortliches Leben und damit Teilhabe.

Andererseits ist es nicht wieder eine „neue Technologie“, die „noch mehr Geld kostet“, sondern eine gelungene Symbiose. AAL gibt der Nutzergruppe Freiheit und Lebensqualität, reduziert aber eben auch die Kosten für die Pflege.

Betroffene können möglichst lange zu Hause und damit in ihrem gewohnten Umfeld bleiben. Sollten sie doch in eine Einrichtung übersiedeln müssen, so ermöglicht AAL auch in dieser ein weitgehend eigenständiges Handeln. In beiden Fällen können viele Dinge des täglichen Lebens jederzeit, selbst, frei und unbeobachtet (und damit ohne Stigmatisierung) vorgenommen werden (Licht schalten, Rollos fahren, Besuch empfangen, TV und Bilder anschauen); das jedoch in Verbindung mit großer Sicherheit und unauffälliger Betreuung (z. B. Sturzsensoren). Das wiederum führt zur Kosteneinsparung durch unter anderem Reduzierung der Anzahl der Pflegekräfte, die einfache Tätigkeiten sodann nicht mehr übernehmen müssen. Diese Reduzierung des Einsatzes von Fachkräften führt gleichzeitig zu wesentlich höherer Qualität in der Pflege, weil es dem Personal ermöglicht, sich auf die eigentlichen Aufgaben konzentrieren zu können.

Fest steht auch, dass die Interoperabilität und Normung entscheidende Faktoren für den nachhaltigen und langfristigen Erfolg von AAL sind. Das IEC-Systemkomitee AAL auf internationaler Ebene und das auf nationaler Ebene agierende Spiegelgremium DKE/K 801 arbeiten kontinuierlich daran. Im Fokus steht eine klare Definition dessen, was AAL ist, und was AAL nicht ist, um einer Verwässerung des Themas entgegenzuwirken. Gerade für potenzielle Käufer und Endverbraucher ist nicht immer eindeutig zu erkennen, inwieweit sich verfügbare Systeme unterscheiden, vor allem wenn diese dem Anschein nach eine gleichgeartete Leistung erbringen. Eine klare Kommunikation seitens der Hersteller ist dafür zwingend notwendig.

Es gilt also, die Potenziale eines sich rasant entwickelnden, innovativen Marktes nicht auszubremsen, gleichzeitig müssen Verantwortlichkeiten klar geregelt sein, sodass auch Verbraucher in die Lage versetzt werden, AAL-Systeme bewerten zu können. Fest definierte Kriterien würden zu einer klaren Abgrenzung von erstattungsfähigen AAL-Systemen zur Unterstützung bei Pflegebedürftigkeit von nicht erstattungsfähigen AAL-Produkten zur allgemeinen Lebensunterstützung von Smart-Home-Systemen beitragen.

Fest steht, gelingt es AAL, sich in den kommenden Jahren im Pflegeumfeld stärker durchzusetzen, gewinnen die tatsächlichen Chancen vermehrt an Sichtbarkeit. Das wiederum wird für einen enormen Innovationsschub sorgen. Ein vermehrter Einsatz wird Anbieter die Potenziale für einen großen Absatzmarkt erkennen lassen, wodurch abermals neue Lösungen generiert und Produkte entwickelt werden können, die dem Wohle von Betroffenen zugutekommen.

Die Digitale-Gesundheitsanwendungen-Verordnung (DiGAV) wird ebenfalls einen enormen Anteil dazu beitragen, dass AAL an Sichtbarkeit und Verbreitung gewinnt. Oberste Priorität bleibt, dass die Anwender mit ihren spezifischen Bedürfnissen und Interessen im Mittelpunkt stehen, sodass sich technische Systeme an diese anpassen – und nicht umgekehrt. Je offensichtlicher der Nutzen von AAL-Systemen für die Zielgruppe wird, desto größer wird die Akzeptanz dieser, was in der Folge eine Förderung durch diverse Krankenkassen wahrscheinlicher werden lässt.

Danksagung

AAL ist derzeit für viele noch nicht greifbar. Dieses Buch erhebt daher den Anspruch, eine Zusammenstellung der zentralen Begrifflichkeiten, Technologien und Möglichkeiten darzustellen. Aufgrund der Breite des Feldes und auch der dynamischen Entwicklung, die das Thema weltweit erfährt, ist es nahezu unmöglich, bis ins kleinste Detail durchzudringen. Das Buch soll eine Gesamtschau vermitteln, die für an AAL und an der Pflege Beteiligten als eine Art Anleitung dienen kann.

Ohne die Unterstützung spezieller Fachleute, auch aus Randbereichen von AAL, wäre es nicht möglich gewesen, das Thema in dieser Bandbreite darlegen zu können.

Ich danke ganz besonders:

- den Herren *Reiß, Weichert, Schidlack* und *Schneider* für die wertvollen Beiträge in diesem Buch,
- *Prof. Dr. Zerth* für das Vorwort und die enge und vertrauensvolle Zusammenarbeit in unserem gemeinsamen Forschungsprojekt,
- *Dipl.-Ing. Andreas Habermehl*, Geschäftsführer Technik und Berufsbildung beim ZVEH, für seine großartige Arbeit, vor allem für die Neuordnung der Berufsausbildung im Elektrohandwerk, die gerade den neuen Herausforderungen von AAL durch die Ausbildung zum Elektroniker/-in für Gebäudesystemintegration (Gebäudesystemintegrator) Rechnung trägt,
- *Burkhard Schulze*, dem langjährigen Bundesbeauftragten für das Normenwesen und dem ZVEH, für das Vertrauen, dass er mir bei der Übertragung dieses Aufgabenfeldes entgegengebracht hat,
- dem Hüthig Verlag und insbesondere *Anna Gerhard* und *Ulf Sundermann* für die vertrauensvolle Zusammenarbeit und Begleitung dieses Buchprojektes,
- *Sabrina Friedrich* und *Romeo Markoski* für die Unterstützung bei der Ausarbeitung der Texte,
- den Mitarbeitern meines TGA-Planungsbüros, die als Team so perfekt und selbständig zusammenarbeiten, damit mir der nötige Freiraum für meine Tätigkeit in den Normengremien bleibt,
- meiner Lebensgefährtin *Carolin Rabe*, die mich in jeder Hinsicht bei meinen beruflichen und persönlichen Visionen unterstützt und ohne die Projekte wie dieses Buch gar nicht möglich wären.

Quellenverzeichnis

Hinweis: Trotz sorgfältiger inhaltlicher Prüfung ist eine Haftung für die Inhalte externer Links ausgeschlossen. Externe Links konnten vom Verlag nur bis zum Zeitpunkt der Buchveröffentlichung eingesehen werden. Auf spätere Veränderungen hat der Verlag keinen Einfluss.

Für den Inhalt der verlinkten Seiten sind ausschließlich deren Betreiber verantwortlich.

[1] Bundesinstitut für Bevölkerungsforschung, https://www.demografie-portal.de/DE/Fakten/bevoelkerung-altersstruktur.html

[2] vgl. *Ludwig, W., Nussbaumer, A., Felfernig, A.* (2017). Design for all in ambient assisted living environments. Journal of Ambient Intelligence and Smart Environments, 9 (1), 1-22. https://doi.org/10.3233/AIS-160382

[3] Europäische Norm EN 17210:2019 „Active Assisted Living – Barrierefreie Gestaltung von Systemen und Dienstleistungen“: https://www.beuth.de/de/norm/din-en-17210/327084381; Europäische Kommission, Digital Single Market: Barrierefreiheit: https://ec.europa.eu/social/main.jsp?catId=1202&langId=de; Europäische Kommission, Digital Single Market: Active and Assisted living: https://futurium.ec.europa.eu/en/active-and-healthy-living-digital-world/news/evaluation-active-and-assisted-living-programme-aal2; Richtlinie (EU) 2016/2102 des Europäischen Parlaments und des Rates vom 26. Oktober 2016 über den barrierefreien Zugang zu den Websites und mobilen Anwendungen öffentlicher Stellen: https://eur-lex.europa.eu/legal-content/DE/TXT/?uri=CELEX:32016L2102

[4] https://uct.labs.fhv.at/glight/mediawiki/index.php?title=Gestaltungsrichtlinien_für_Hardware
https://de.wikipedia.org/wiki/Barrierefreiheit
https://uct.labs.fhv.at/glight/mediawiki/index.php?title=Benutzerbarrieren

[5] AAL-Vereinigung, https://www.aal-europe.eu/

[6] Die Deutsche Normungs-Roadmap AAL, https://www.dke.de/resource/blob/778296/27536d29302405750621 8d9730fe99ed/die-deutsche-normungs-roadmap-aal---ambient-assisted-living---version-2-data.pdf

[7] VDE Verband der Elektrotechnik Elektronik Informationstechnik e. V., https://www.dke.de/de/normen-standards/grundlagen-der-normung
[8] VDE Verband der Elektrotechnik Elektronik Informationstechnik e. V., https://www.dke.de/de/normen-standards/grundlagen-der-normung
[9] International Electrotechnical Commission, https://www.iec.ch/healthcare/active-assisted-living
[10] DIN e. V., https://www.din.de/de/ueber-normen-und-standards/basiswissen
[11] „Das intelligente Zuhause: Smart Home 2022 – Ein Bitkom-Studienbericht, September 2022“, Bitkom e. V., Bundesverband Informationswirtschaft, Telekommunikation und neue Medien e. V., Rundsteuerfrequenzen in der Bundesrepublik Deutschland, https://www.bitkom.org/sites/main/files/2022-09/220912_Bitkom_Smart_Home_Chartbericht_2022_final.pdf
[12] „Smart-Home- und AAL-Technologien in der Immobilien- und Wohnungswirtschaft“, Studie der SmartHome Initiative Deutschland e. V. in Zusammenarbeit mit mm1 Consulting und dem GdW Bundesverband deutscher Wohnungs- und Immobilienunternehmen e. V., https://www.gdw.de/uploads/pdf/studien_gutachten/Studie_Smart_Home_und_AAL_in_der_Wohnungswirtschaft.pdf
[13] Positionspapier „Pflege neu denken“, Deutscher Berufsverband für Pflegeberufe, https://www.dbfk.de/fileadmin/redaktion/Positionen/Positionspapiere/DBfK-Positionspapier_Pflege_neu_denken_2020.pdf
[14] Bundesverband privater sozialer Dienste e. V., https://www.bpa.de/Stellungnahmen-des-bpa.1277.0.html
[15] AAL-Vereinigung, http://www.aal-europe.eu/about/
[16] „Annual Report 2021 – Activities, Finance and Communication“, AAL Association, http://www.aal-europe.eu/wp-content/uploads/2022/04/AAL_Annual_Report_2021_Final_V3.pdf
[17] Forschungsvereinigung Elektrotechnik beim ZVEI e. V., https://foresight-plattform.de/
[18] Future Living Dialog GmbH, https://future-living-berlin.com/
[19] SmartLivingNEXT – Künstliche Intelligenz für nachhaltige Lebens- und Wohnumgebungen, https://www.digitale-technologien.de/DT/Navigation/DE/Foerderaufrufe/smart_living_next/smart_living_next.html
[20] Nationaler Aktionsplan: „Innovative Strategien zur Bewältigung des demografischen Wandels“, Bundesministerium für Gesundheit, https://www.bundesgesundheitsministerium.de/suche.html?tx_solr%5Bq%5D

=Innovative+Strategien+zur+Bew%C3%A4ltigung+des+demografische n+Wandels
[21] HyperJoint GmbH, https://nullbarriere.de/altersgerecht-umbauen-kfw159.htm
[22] https://www.bundesgesundheitsministerium.de/service/gesetze-und-verordnungen/detail/digitale-gesundheitsanwendungen-verordnung-digav.html#chr-261,
https://www.bundesgesundheitsministerium.de/fileadmin/Dateien/3_Downloads/Gesetze_und_Verordnungen/GuV/D/DiGAV_RefE.pdf,
https://www.dke.de/de/arbeitsfelder/home-building/normung-roadmap-smart-home-living/gesundheit,
https://etech.iec.ch/issue/2020-03/an-economic-tool-to-assess-aal-services
https://www.elektro-plus.com/aal/foerderung,
https://library.oapen.org/bitstream/handle/20.500.12657/51484/9783658343354.pdf?sequence=1
[23] VDE Verband der Elektrotechnik Elektronik Informationstechnik e. V., https://www.dke.de/de/arbeitsfelder/health/news/iec-syc-aal-weitet-aufgabenbereich-aus
[24] „Der Achte Altersbericht der Bundesregierung“, Deutsches Zentrum für Altersfragen (DZA), https://www.achter-altersbericht.de/
[25] *Loeschke, Gerhard*; *Marx, Lothar*; *Purat, Daniela*: Barrierefreies Bauen, Berlin, Wien, Zürich: Beuth Verlag, 2012
[26] GED Gesellschaft für Energiedienstleistung – GmbH & Co. KG, https://www.elektro-plus.com/aal/grundlagen
[27] Gesellschaft für Informatik e. V. (GI), https://gi.de/informatiklexikon/personalisierung
[28] „Service-oriented architectures in ambient assisted living ecosystems: a systematic literature review“ von Dario Salvi et al. in der Zeitschrift „Journal of Ambient Intelligence and Smart Environments“ (Jg. 9, Nr. 5, 2017).
[29] https://de.wikipedia.org/wiki/Bus_(Datenverarbeitung)
https://uct.labs.fhv.at/glight/mediawiki/index.php?title=Bussystem
[30] https://de.wikipedia.org/wiki/KNX-Standard
[31] KNX Swiss, https://www.knx.ch/knx-ch/technik/3-das-knx-grundprinzip.php

[32] https://www.sparhandy.de/smartphones/info/sprachsteuerung-sprachassistent/
[33] Rehamedia, https://www.rehamedia-shop.de/bjoy-chin-kinnjoystick.html, https://www.netzwelt.de/abkuerzung/173125-bedeutet-iot-erklaerung-definition.html
[34] „Active Assisted Living – Geschäftsfelder mit Zukunftspotenzial" – Kompetenzzentrum Digitales Handwerk; https://www.netzwelt.de/abkuerzung/173125-bedeutet-iot-erklaerung-definition.html
[35] KNX, https://www.knx.org/knx-de/fuer-fachleute/knx-vorteile/knx-internet-der-dinge/
[36] Essense – Projektvorstellung: BIM & AAL und die Anforderungen an Wohnumgebungen für Senioren, https://www.youtube.com/watch?v=QlN_9Af8Fsc
[37] https://de.wikipedia.org/wiki/Smart-Gerät
[38] BIM und Ambient Assisted Living: Internationale Vorstellung von Essense, buildingSMART Deutschland e. V., https://www.buildingsmart.de/essense
[39] MOBECS – Mobility and Emergency Call System, Fraunhofer-Geschäftsbereich AAL, https://www.aal.fraunhofer.de/de/projekte/mobecs.html
[40] https://www.onlinesolutionsgroup.de/blog/glossar/a/ambient-intelligence/
[41] „WiMi-Care: Förderung des Wissenstransfers für eine aktive Mitgestaltung des Pflegesektors durch Mikrosystemtechnik", Fraunhofer-Institut für Produktionstechnik und Automatisierung IPA, https://www.ipa.fraunhofer.de/de/referenzprojekte/WiMi-Care.html
[42] „SeRoDi – Servicerobotik zur Unterstützung bei personenbezogenen Dienstleistungen", Fraunhofer-Institut für Produktionstechnik und Automatisierung IPA, https://www.ipa.fraunhofer.de/de/referenzprojekte/serodi.html
[43] Elevon, Fraunhofer-Institut für Produktionstechnik und Automatisierung IPA, https://www.aal.fraunhofer.de/de/projekte/elevon.html
[44] „Serviceroboter in stationären Pflegeeinrichtungen Wie mit technischen Assistenzsystemen die Arbeitsqualität verbessert werden kann" – Fraunhofer-Institut für Produktionstechnik und Automatisierung IPA, https://docplayer.org/104726721-Serviceroboter-in-stationaeren-pflegeeinrichtungen-wie-mit-technischen-assistenzsystemen-die-arbeitsqualitaet-verbessert-werden-kann.html

[45] „Wearables: mehr Freiheit dank smartem Pflegepflaster“ – Medica-Portal, Messe Düsseldorf GmbH, https://www.medica.de/de/digital-health/Wearables_mehr_Freiheit_dank_smartem_Pflegepflaster
[46] https://www.who.int/news-room/q-a-detail/falls
[47] Handbuch 2023 „Besser Leben mit Komfort & Qualität“ – GGT Gesellschaft für Gerontotechnik® mbH, https://www.gerontotechnik.de/handbuch-neuauflage-2023/
[48] „licht.wissen 21 – Leitfaden Human Centriv Lighting (HCL)“ – Fördergemeinschaft Gutes Licht, https://www.licht.de/fileadmin/Publikationen_Downloads/1806_lw21_HCL_web.pdf, S. 5
[49] „Lichtmanagement als Zukunftstechnologie: Der fünfte Sinn des Auges und wie wir ihn nutzen können“ – Fraunhofer IAO, https://blog.iao.fraunhofer.de/lichtmanagement-als-zukunftstechnologie-der-fuenfte-sinn-des-auges-und-wie-wir-ihn-nutzen-koennen/
[50] „Farbe und Licht sind für Demenzkranke wichtig“ – Sozialverband VdK Deutschland e. V., https://www.vdk.de/deutschland/pages/themen/pflege/69935/farbe_und_licht_sind_fuer_demenzkranke_wichtig?dscc=ok
[51] https://www.handwerkdigital.de/deulocal/textbilder/images/Publikationen%20und%20Flyer/Broschüre_PDF/KDH_Broschuere_Active_Assisted_Living.pdf, S. 13
[52] https://www.e-zubis.de/ausbildungsberufe-ausbildung-zum-elektroniker/elektroniker/-in-fuer-gebaeudesystemintegration
[53] „Die Bedeutung von Interoperabilität für AAL“ – Offis-Institut für Informatik, Dr. Marco Eichelberg, https://docplayer.org/11402813-Die-bedeutung-von-interoperabilitaet-fuer-aal.html
[54] https://www.fiware.org/about-us/
[55] https://www.crystalrugged.com/solution-briefs/iot-at-the-edge/
[56] https://www.universaal.info/page/about/

Stichwortverzeichnis

A
AAL 13
AAL-Middleware 157
Active Assited Living 13
Akteure 79
Aktoren 45, 61, 123
Alarmsysteme 130
Algorithmen 64
Alltagsaktivitäten 81
Ambient Intelligence 133
Antenne 117
Applikationen 65
Architekten 17
Assistenz-Rufsysteme 42
Assistenzsysteme 14, 151
Automatisierung 52
Automobilindustrie 52

B
Barrierefreiheit 21
Bedienelemente 25
Bewegungssensor 42, 85
BIM 128
Building Information Modeling 128
Bundesregierung 67
Busleitungen 113
Bussysteme 58, 106
Busteilnehmer 120

C
Cenelec 50
Cloud 45
Covid-19-Pandemie 55

D
Datenschutz 17, 69
Datenschutz-Grundverordnung 74
Datenschutzgesetz 27
Datensicherheit 69
demografischer Wandel 13
Detektor 120
DiGAs 76
digitale Gebäudeleittechnik 45
digitale Nasen 64
Digitale-Gesundheitsanwendungen-Verordnung 68, 164
Digitalisierung 14
DIN 31
DKE 31
drahtlose Netze 156
DSGVO 74

E
E-Learning 54
Eingabesysteme 124
Elektrik 31
Elektroindustrie 52
Elektroinstallation 53, 101
Elektronik 31
Elektroniker/-in für Gebäudesystemintegration 151
Entwickler 156
ESSENSE 130

F
Fachkräfte 13
Feldbusse 108, 156, 159
fernsteuerbare Systeme 118
Fernüberwachung 55
Finanzierung 68
Förderprogramme 53, 67
ForeSight 60
Forschungsprojekte 53
Funksysteme 115
Funktechnologie 23
Funkverbindungen 46, 106
Future Living Berlin 62

G
Gateways 45, 103, 124
Gebäudeautomation 82, 159
Gebäudeautomatisierung 43
Gebäudesystemintegration 28
Gesundheit 20, 81
Gesundheitsprävention 54
Gesundheitssystem 16, 27, 67
Gesundheitstechnologien 17
GGT 103

H
Hausnotrufsysteme 143
Human Centric Lighting 144

I
IEC 32
IFC 128
IKT 52
Industry Foundation Classes 128
Informations- und Kommunikationstechnologie 52
INKA 57

Inklusion 20
Installateure 17
Installationszonen 102
Integrationsprofile 161
Internet der Dinge 118, 151
Interoperabilität 17, 35
Investoren 44
IoT 118
ISO 31
IT-Systeme 160

K
Kabel 23
kabelgebundene Netzwerke 156
KfW 70
KI 42
KNX 103
Komfort 21
Komponenten 161
Körpertemperatursensor 94
Krankenkassen 70
Künstliche Intelligenz 46

L
Lebensqualität 20, 41
Licht 26
Lichtmanagement 143
loT 151

M
Medizinproduktegesetz 27, 73
Mobilität 81

N
Netzwerkprotokolle 156
Netzwerktechnik 152
Normen 17
Normengremium 27
Normung 18
Normungs-Roadmap 35
Notrufdienste 160
Notrufsysteme 104

P
Patientengeheimnisse 74
Pflege 13
Pflege-Fachverbände 52
Pflegeanwendungen 63
Pflegedienste 61
Pflegeheime 14
Pflegekassen 70
Pflegepersonal 13
Pflegeroboter 154
Planer 17
Powerline 114
Prävention 82
Protokolle 105, 159
Punkt-zu-Punkt 156

R
RafiCare 93
Raumsensor 94
Roboter 135
Robotik 42, 82

S
Schalter 102
Schnittstellen 157, 161
Schweigepflicht 74
Selbstbestimmung 41
Senioren 13
Seniorenheim 13
Sensoren 45, 61, 120, 141
Sensorik 14
serviceorientierte Architektur 105
Sicherheit 82
Smart Devices 129
Smart Home 23, 47
Smart Living 21
Smart Metering 47, 162
Software 20
soziale Teilhabe 54
Sprachassistenten 42
Sprache 26
Sprachsteuerung 85
Standardisierung 27
Steckdosen 102
Sturzsensoren 42, 94, 141
Systemarchitekten 156
Systeme 14
Systemgeräte 124
Systemintegratoren 156
Systemkomitee 34
Systemkomitee AAL 34
Systemkomponenten 99

T
Technologien 17, 99
Teilhabe 41, 81
Telekommunikation 31
Telemedizin 76
Templates 79
Tracker 139

U
Umfeldintelligenz 133
Use Cases 35, 46, 79
User Stories 79
User-Interfaces 24

V
VDE 34
Verhaltensüberwachung 90
Verkabelungssysteme 112
vernetzt 16
Vernetzung 18, 52, 64
Virtual Reality 55
virtuelle Assistenzsysteme 104
Vitaldaten 159
Vitalwertemessung 94

W

Wearables 139
WLAN 116
Wohlbefinden 81
Wohnraumförderung 72
Wohnungsbaugesellschaften 44
WPA 118

Z

Zertifizierung 35
Zielgruppe 39
ZVEH 151